化学工程
学科发展报告

REPORT ON ADVANCES IN CHEMICAL ENGINEERING

中国科学技术协会　主编
中国化工学会　编著

中国科学技术出版社
·北　京·

图书在版编目(CIP)数据

2006－2007化学工程学科发展报告/中国科学技术协会主编；中国化工学会编著. —北京：中国科学技术出版社，2007.3
ISBN 978-7-5046-4512-8

Ⅰ.2... Ⅱ. ①中... ②中... Ⅲ.化学工业－研究报告－中国－2006－2007 Ⅳ.TQ

中国版本图书馆CIP数据核字(2007)第022271号

中国科学技术出版社出版
北京市海淀区中关村南大街16号　邮政编码:100081
电话:010－62103210　传真:010－62183872
http://www.kjpbooks.com.cn
科学普及出版社发行部发行
北京中科印刷有限公司印刷
*
开本:787毫米×1092毫米　1/16　印张:10.5　字数:252千字
2007年3月第1版　　2007年3月第1次印刷
印数:1—2000册　定价:28.00元
ISBN 978-7-5046-4512-8/TQ·18

2006—2007
化学工程学科发展报告

REPORT ON ADVANCES IN CHEMICAL ENGINEERING

首席科学家 谢在库

顾问组成员 （按姓氏笔画排序）

王基铭 王静康 毛炳权 关 兴 亚 杨元一
杨启业 杨锦宗 李静海 何 鸣 元 闵恩泽
汪燮卿 沈之荃 陈庆龄 欧阳平凯 金 涌
胡永康 侯芙生 洪定一 费 维 扬 袁 权
袁晴棠 袁渭康 徐承恩 徐 南 平 曹湘洪
龚七一 舒兴田

专家组成员 （按姓氏笔画排序）

王辅臣 白尔铮 乔映宾 阳永荣 肖 炘
言敏达 汪文川 张元兴 张敏华 陆小华
陈光文 邵百祥 周兴贵 胡云光 姜忠义
秦 炜 钱 锋 韩钟淇 谢在库

学术秘书 戴国庆

序

基于我国经济社会发展和国际社会竞争态势的客观要求，党中央、国务院做出增强自主创新能力、建设创新型国家的战略部署，这是综合分析我国所处历史阶段和世界发展大势做出的重大战略决策。学科创立、成长和发展，是科学技术创新发展的科学基础，是科学知识体系化的象征，是创新型国家建设的重要方面，是国家科技竞争力的标志。在科学技术繁荣、发展的过程中，传统的自然科学学科得以不断深入发展，新兴学科不断产生，学科间的相互渗透、相互融合的趋势不断增强；边缘学科、交叉学科纷纷涌现，新的分支学科不断衍生，科学与技术趋向综合化、整体化。及时总结、报告自然科学的学科最新研究进展，对广大科技工作者跟踪、了解、把握学科的发展动态，深入开展学科研究，推进学科交叉、融合与渗透，推动多学科协调发展，促进原始创新能力的提升，建设创新型国家具有非常重要的意义。为此，中国科协在连续 4 年编制《学科发展蓝皮书》基础上，自 2006 年开始启动学科发展研究及发布活动。

按照统一要求，中国力学学会、中国化学会、中国地理学会等 30 个全国学会申请承担了 2006 年相应 30 个一级学科发展研究任务，并编撰出版 30 本相应学科发展报告。在此基础上，中国科协学会学术部组织有关专家编撰了全面反映这 30 个一级学科的总报告——《学科发展报告综合卷(2006—2007)》。

中国科协是中国科学技术工作者的群众组织，是国家推动科学技术事业发展的重要力量，开展学术交流、活跃学术思想、促进学科发展、推动自主创新是其肩负的重要任务之一。开展学科发展研究及学科发展报告发布活动，是贯彻落实科技兴国战略和可持续发展战略，弘扬科学精神，繁荣学术思想，展示学科发展风貌，拓宽学术交流渠道，更好地履行中国科协职责的一项重要举措。这套由 31 卷、近 800 余万字构成的系列学科发展报告(2006—2007)，对本学科近两年来国内外科学前沿发展情况进行跟踪，回顾总结，并科学评价了近年来学科的新进展、新成果、新见解、新观点、新方法、新技术等，体现了学科发展研究的前沿性；报告根据本学科的发展现状、动态、趋势以及国际比较和战略需求，展望了本学科的发展前景，提出了本学科发展的对策和建议，体现了学科发展研究的前瞻性；报告由本学科领域首席科学家牵头、相关学术领域的专家学者参加研究，集中了本学科专家学者的智慧和学术上的真知灼见，突出了学科发展研究的学术性。这是参与这些研究的全国学会和科学家、科技专家劳动智慧的结晶，也是他们学术风尚和科学责任的体现。

希望中国科协所属全国学会坚持不懈地开展学科发展研究和发布活动，持之以恒地出版学科发展报告，充分体现中国科协“三服务、一加强”（为经济社会发展服务，为提高全民科学素质服务，为科学技术工作者服务，加强自身建设）的工作方针，不断提升中国科协和全国学会的学术建设能力，增强其在推动学科发展、促进自主创新中的作用。

2007年2月

前　言

根据中国科协《关于开展学科发展进展研究及发布活动的通知》(科协学发[2006]27号),中国化工学会承担了《化学工程学科发展报告(2006—2007)》的研究、编撰任务。本报告由中国化工学会石油化工专业委员会和化学工程专业委员会负责具体实施,并邀请了中国石化股份公司上海石油化工研究院院长谢在库教授担任首席科学家。

鉴于化学工程学科是一个范围很广的学科,本次研究选择了化学反应工程、化工分离工程、萃取分离工程、化工系统工程、生物化工、煤化学工程、石油化工、聚合物工程、化学工程基础、微化学工程与技术、过程工业作为报告的重点,将精细化工、无机化工等其他分学科作为下一次研究的内容。由于《化学工程学科发展报告(2006—2007)》是中国化工学会首次承担中国科协下达的"学科发展研究"任务,我们的研究还属于尝试性工作,因此本报告肯定有不少需要改进之处,希望本报告能够为以后的研究作一次铺垫。

本报告研究过程中,获得了中国石化股份公司、上海石油化工研究院以及参与此项研究工作的专家学者所在单位的大力支持。中国石化集团公司总工程师、中国化工学会理事长、中国工程院院士曹湘洪教授、中国科学院副院长李静海院士等光临学术研讨会,对研究工作给予指导。上海石油化工研究院钟思青博士、肖剑博士、徐依菡同志等也参与了相关工作。在此,对各位专家学者和工作人员的辛勤工作表示衷心感谢!

中国化工学会

2006年12月

目　录

综合报告

专题报告

ABSTRACTS IN ENGLISH

Comprehensive Report

Reports on Special Topics

综合报告

化学工程学科的研究现状与发展前景

一、引言

化学工程是研究化学工业以及其他相关过程产业中所进行的物质转化、改变物质组成、性质和状态及其所用设备的设计、操作和优化的共同规律的一门工程学科。它以物理学、化学、数学的原理为基础，基础理论研究与工程应用相结合，涉及产品研制、工艺开发、过程设计、系统模拟、装备强化、操作控制、环境保护和生产管理等内容。

化学工程作为一门学科，最早出现于19世纪末期。至20世纪20年代，从理论上分析和归纳了化学类型过程工业生产的物理和化学变化过程，提出了单元操作的概念，将复杂的过程工业生产过程归纳为有限的单元操作，初步奠定了化学工程的科学基础。“单元操作”被公认为化学工程学科体系第一个阶段的标志。

20世纪中期，在单元操作和传递过程研究成果的基础上，在各种反应过程中发现了若干具有共性的问题。对于这些问题的研究以及它们对反应动力学的各种效应的研究，构成了一个新的学科分支，即化学反应工程，从而使化学工程的内容和方法得到了充实和发展。这个时期形成的“三传一反”，即传质、传热、动量传递及反应工程，成为化学工程学科发展第二阶段的标志，也是20世纪化学工业与化学工程学科相互促进并迅速发展的黄金时代。

单元操作和反应工程的理论基础是化工热力学。化工热力学研究传递过程的方向和极限，为过程分析和设计提供所需的有关基础数据。随着生产规模的扩大和资源、能源的大量消耗，使得早先看来并不重要的问题逐渐突显出来。由于在化工过程中各个过程单元相互影响、相互制约，因此很有必要将化工过程看作一个综合系统，运用电子计算机和数学模型，并建立起整体优化的概念。于是系统工程这一学科在化学工程中得到了迅速的发展，形成了化工系统工程这一学科分支。它是系统工程方法与单元操作和化学反应工程这两个学科分支相结合的产物。为了保持操作的合理和优化，过程动态特性和控制方法也成了化学工程的重要内容。

20世纪末，特别是本世纪以来，国内外化工界都在关注和探讨未来化学工程的发展方向，认为化学工程在经历了单元操作和“三传一反”这两个发展阶段后，正孕育着一个新的发展阶段。随着人们对生态环境的要求日益严格，为同时满足市场对产品特定使用性能的要求以及社会和环境对生产工艺的制约，必须发展一个针对不同时间和空间尺度范围内多学科、非线性、非平衡过程和现象进行集成的系统方法。有学者认为时空多尺度是新发展阶段的本质特点。

化学工程应用领域既是国民经济建设与社会发展的重要工程领域，又与信息、生物、材料、计算机、资源、能源、海洋、航天等高新技术领域相互渗透，推动高新技术的发展。化学工程发展至今，基础理论已经非常完善，学科发展重点在于应用化学工程理论满足国民经济和社会发展的需求。

对化学工程学科发展进行研究，有利于掌握研究动态，吸收国内外最新的研究成果，确定我国化学工程学科发展的目标和研究方向，提高研究工作的效率。对促进学科发展和提升我国自主创新能力，具有非常重要的指导意义。

由于化学工程涵盖的范围非常广泛，本报告重点探讨化学反应工程、化工分离工程、化工系统工程、生物化学工程、煤化学工程、石油化学工程、聚合物化学工程、化学工程基础学科、微化学工程与技术和过程工程等分学科，无机化工、精细化工等其他分学科作为下一次研究的内容。

经过认真思考和分析，产业界认为近两年化学工程学科的进展仍然集中体现在以“三传一反”为核心的传统研究领域，但通过与计算科学、材料科学等学科的相互交叉与渗透，在传统的化学工程研究领域引入新的研究方法和新材料，使化学工程学科取得了多方面的进展，而这些进展尤其体现在近两年的一系列重大成果产业化上。

本报告以近两年我国化学工程应用领域取得的重大成果产业化为主要内容，对化学工程学科近年的发展情况进行了回顾。根据国民经济和社会发展的需求，对化学工程学科未来发展的目标、前景和研究方向提出建议。由于这是首次进行学科进展研究，本报告肯定有不少需要改进之处，有待今后的进一步充实。

二、化学工程学科在国民经济中的地位和作用

化学工业是我国国民经济的重要支柱产业之一。据统计，2005 年我国石油和化学工业增加值完成 8 733.5 亿元，比“九五”末期增长 96%，年均递增 14.4%；销售收入 33 063.4亿元，比“九五”末期增长 153.4%，年均递增 20.4%；实现利润 370.9 亿元，比“九五”末期增长 185.6%，年均递增 23.4%；资产总计 26 603.6 亿元，比“九五”末期增长 55.2%，年均递增 9.2%。主要经济指标占全国工业比重为：工业增加值占 13.2%，销售收入占 13.5%，利润占 25.8%[1]。在国民经济高速增长的推动下，2005 年全国主要化工产品产量快速增长，已有 20 多种化工产品的生产和消费居世界前列，其中乙烯7 555 kt，合成氨 45 962.5 kt，化肥 48 880 kt，硫酸 44 622 kt，纯碱 14 211 kt，烧碱12 400 kt，甲醇 5 356 kt，醋酸 1 370 kt，纯苯 3 061 kt，聚氯乙烯 6 429 kt，染料650 kt，涂料 3 826 kt，轮胎 3 1819.9 万条[2]，基本满足了国民经济发展的需要。由于石油和化学工业的发展离不开化学工程学科的支撑和推进，所以化学工程学科的发展同样在国民经济和社会发展中居举足轻重的地位。

除石油和化学工业外，化学工程还渗透到其他学科，在信息、新材料、生物、资源、能源、海洋、航空航天等领域也得到广泛应用。例如在原子能和微电子工业中，贫矿铀的富集、核反应堆用高纯水的制造、高纯氩气和氦气的制造等，需要化学工程的支撑；在航空航天业中，高能燃料制造、太空气体分析以及载人空间飞行器和空间站舱内空气净化、CO_2的去除、饮用水的制备及生活污水的再利用等，需要化学工程的支撑；在新能源工业中，氢能源、燃料电池、风能和水能的开发利用，需要化学工程的支撑；在人类健康和保健中，具有血液透析、血液氧合、脱毒作用的人工肾、人工肺和人工肝的制造，需要化学工程的支

撑。日常生活中，果汁、白糖、生啤、食盐等制造也离不开蒸发、膜滤、结晶或电渗析等化学工程技术。

三、国民经济和社会发展对化学工程学科的战略需求

我国是世界上最大的发展中国家，我国国民经济需要继续保持高速发展。为实现可持续发展的要求，需要资源、环境、经济和社会的和谐发展。这对化学工程学科提出了战略性需求。

(一)能源、新能源和替代石油资源的需求

目前我国化石能源资源在世界已探明储量中，石油占 2.7%，天然气占 0.9%，煤炭占 15%，但三者的产量却分别占全球总量的 4.2%、1.5%和 33.5%。国民经济的高速发展需要更多能源的支撑。2005 年，我国原油进口已达 127 Mt。如果到 2020 年全社会汽车保有量控制在 1 亿辆左右，预计届时石油需求量约 450 Mt，如果按照近年石油消费增长速度发展，则有可能突破 600 Mt[3]。因此，开发更多的能源及高效能源利用技术，对保持国民经济持续增长意义重大。能源技术开发需要化学工程学科的支撑。

从长远发展战略看，石油、煤、天然气都是不可再生资源。着眼未来，必须大力推广以可再生能源为主的多元化能源，尤其是生物乙醇和生物柴油等新能源。我国十分重视能源多元化问题，目前已建成四大燃料乙醇基地，总产能超过 1 Mt/a，但与总需求相差甚远。2006 年 1 月 1 日起，我国正式实施《中华人民共和国可再生能源法》，进一步推进了可再生能源资源的发展。由于目前国内外燃料乙醇生产大都以淀粉和糖基农作物为原料，这在一定程度上制约了燃料乙醇的进一步发展，未来必须转向以玉米秸秆等农作物废弃物和城市垃圾为原料的新生产工艺。为此，需要进行相关技术的开发，满足国民经济可持续发展的需求。而这些再生资源利用技术的开发同样是化学工程学科在新世纪内最重要的研究课题之一。

石油作为使用最方便的液体燃料，是国民经济发展和国家安全最重要的战略物资之一。然而，石油资源日益枯竭，国际油价高升，使国民经济的稳定发展和国家安全面临严峻的挑战。为此，国内外石油替代技术开发十分活跃。2005 年我国原油产量 181 Mt，进口量 127 Mt，消费 320 Mt，石油对外依存度为 43% ，我国能源的安全问题十分突出[4]。从近期看，发展煤基合成油、以煤为原料经甲醇合成低碳烯烃等化工技术是替代石油资源的可取途径。

我国煤炭资源储量约 1 000 Gt，可供开采量约 200 Gt，按 2004 年产量 1.9 Gt 计，约可开采 100 年[5]。如通过直接或间接液化工艺将其部分转化为液体燃料，无疑是解决我国石油资源不足的最有效途径之一。中国科学院山西煤炭化学研究所(以后简称中科院山西煤化所)经过 20 余年努力，于 2001 年建成 kt/a 级以煤为原料间接法浆态床合成油试验装置和催化剂制备装置，目前正在规划100 kt/a级工业示范装置。但建设 Mt/a 级工业装置还面临许多工程问题，必须加快相关化学工程技术开发的进程。

(二)化工新产品的需求

据预测,2010 年我国原油、乙烯等产品产量较目前有较大幅度的增长,但自给率仍然较低,其中原油为 54.55%,乙烯为 61.17%,芳烃、五大通用合成树脂和合成橡胶分别为 62.75%、51.08%和 69.0%[6]。

高新技术的发展,对新材料、新功能化学品提出了需求。其中新材料包括有机硅材料、有机氟材料、纳米材料、工程塑料和功能膜材料等。新功能化学品包括电子化学品、建筑化学品、汽车化学品、功能性涂料、粘合剂、密封胶、水处理剂及生物化工产品等。预计"十一五"期间,我国将成为仅次于美国和日本的世界第三大化学品生产国[7]。新材料和新功能化学品的战略需求,离不开化学工程学科的支撑。

(三)过程工业提高生产效益的需求

2004 年我国国内生产总值约占全球的 4%,但消耗一次性能源却占全球的 12%。其中化学工业作为原料消耗的能源占总能源消耗的 40%,化工行业单位产值能耗为美国、加拿大和墨西哥的 4.1 倍[7],所以,各种节能技术的潜力很大。根据我国"十一五"化学工业降低能耗的目标设想[8]:石油天然气开采下降 1%~2%;原油加工同比下降10.6%,达 66 kg 标油/t;乙烯降到 650 kg 标油/t,同比下降 6.2%;合成氨降至1 600 kg标煤/t,同比下降 6.5%;烧碱约低于 1 200 kg 标煤/t;其他主要产品能耗也得有不同程度的下降,以使 5 年内总能耗下降 20%。如此设想,除通过提高原料档次节能措施(如用天然气替代煤制合成氨,每吨氨可从 2 t 标煤/t·氨下降到 1.15 t 标煤/t·氨)以及提高技术装备水平节能措施(如用离子膜碱替代隔膜碱,每吨产品可降低能耗 0.41 t 标煤)外,目前正在开发的各种化学工程新技术,如膜分离技术、超临界流体技术以及各种相关耦合和集成技术将会在化学工业等行业的节能降耗中发挥重要作用。

(四)可持续发展的需求

人口、资源、环境的相互协调发展是构建和谐社会的一个重要组成部分,国民经济的高速发展绝不能以牺牲环境为代价。然而,目前我国环境污染问题还相当突出,并影响到国民经济的持续增长和国民身体健康。在全国检测的 340 个城市中,城市空气质量达到二级以上的城市仅占 41.5%,而劣于三级的有 91 个,占 26.7%[9]。

据统计,我国石油加工、炼焦和化学原料制品制造业废水排放量占全国工业废水排放总量的 17.5%,居第一位;废气、烟尘和粉尘排放量分别居全国第四位和第三位;固体废弃物产生量和排放量分别占全国工业固体废弃物的 7.8%和 6.8%,危险废物产生量居第一位[10]。

根据《2004 年中国海洋环境质量公报》报道,我国海洋重度污染区主要集中在黄海的江苏沿岸海域,东海的长江口,杭州湾和宁波近岸局部海域,黄海和东海重度污染面积为 28 760 km^2,占全国海域重度污染面积的 89.7%[11]。而这些地区又是我国化学工业的主要生产区。

所以,我国废水、废气、废渣问题已严重地威胁着人类的生存,如不及时处理,将给子孙后代带来严重的隐患，也在一定程度上制约我国国民经济的进一步发展。

生态园区建设是化学工业实施可持续发展最重要的措施之一。通过物流、能流和信息流相互关联，达到资源、能源、投资的最优利用，并能从根本上解决资源－环境－经济的可持续发展，实现人类生产活动与自然的协调发展。目前生态工业园区建设已成为国际研究前沿。生态园区的建设、根治“三废”、“变废为宝”是化学工程学科 21 世纪面临的严峻课题。

四、近年化学工程学科所取得的重大成果和学科进展

我国产业界、学术界和工程界携手合作，通过多年持续不断的协力攻关，在石油和化学工业领域取得了多项关键性技术突破，实现了多套化工装置的大型化和国产化，取得了一批具有自主知识产权、达到国际领先或先进的技术成果，如己内酰胺技术、乙烯生产技术、多产异构烷烃的催化裂化技术（MIP）、芳烃联合装置生产技术、乙苯/苯乙烯生产技术、聚丙烯技术、双向拉伸聚丙烯（BOPP）技术、生物质乙醇/乙烯技术、煤化工（煤气化/甲醇反应器/甲醇制烯烃（MTO））、大型聚酯工程等，有力地促进了化学工程学科的进展。

（一）重点领域技术取得了突破性进展，一批成果达到世界领先水平

1. 非晶态合金和磁稳定床技术

非晶态合金是一类具有短程有序、长程无序结构特点的新材料。由于它具有独特的电磁性能、机械性能和耐磨性能，已被广泛应用于配电设备、电动机、电磁传感器等电力设备的制造。作为催化材料的研究国外始于 1980 年。非晶态合金具有表面缺陷多和表面原子配位不饱和的特点，所以催化活性中心数目多、催化活性高，另外所有金属和类金属均可形成非晶态合金，而且组成变化大，非晶态合金符合具有开发前景的新催化材料领域的要求。但非晶态合金是由有序结构的原子簇混乱堆积而成，在热力学上属于非平衡的亚稳态，限制了它在催化反应中的应用。中国石化石油化工科学研究院（以下简称石科院）通过将大半径稀土原子引入非晶态合金，可阻止镍原子的迁移，使其晶化温度由 355 ℃提高到 520 ℃。成功开发了非晶态镍铝合金及适合于黏稠、易氧化体系的急冷关键设备，如坩埚、喷嘴、铜辊等；同时将碱洗废液用于分子筛合成，实现零排放清洁生产，最后制成骨架化、多孔、比表面积大的 Ni-Al 非晶态合金催化剂[12]。

磁稳定床是以磁性颗粒为固相、在均匀磁场下形成的特殊床层形式，它兼有固定床和流化床的优点，可以强化反应过程。Exxon 公司 20 世纪 60 年代就将磁稳定床作为导向性基础研究的重要领域，但主要集中于气-固反应体系的研究。Ni-Al 非晶态合金催化剂具有优异的低温加氢活性，且磁性也满足磁稳定床的要求。石科院将磁稳定床反应器开发作为新反应工程基础研究的重点方向，并开展冷模实验，通过实验认识了磁稳定床的床层结构与磁场强度、催化剂物性、流体流速等操作参数间的关系，得到了磁稳定床的操作相图。通过优化线圈设计，优化线圈安装间距，设置磁隔栅内构件，采用强制水冷，建立了均匀磁场放大设计的数学模型，解决了均匀磁场放大和线圈长周期安全运转的技术难题，使磁稳定床能够应用于大规模的工业化过程中。

利用非晶态镍合金具有的铁磁性特点，与具有流化床和固定床优点的磁稳定床相结合，开发了磁稳定床己内酰胺加氢精制新工艺[12-13]。经过小试、冷模中试后，在中国石化巴陵分公司建成一套 6 kt/a 的工业示范装置，空速为一般固定床的 20～30 倍，与釜式反应器相比，杂质加氢脱除效果提高 3～5 倍，催化剂耗量降低 50%以上，而且动力消耗少。目前已建成两套 250 kt/a 的工业装置，在国际上首次实现了磁稳定床反应器的工业应用。

2. 甲苯歧化与烷基转移技术

甲苯歧化与烷基转移技术是生产苯和二甲苯的重要途径，它贡献的苯和二甲苯占整个芳烃联合装置苯和二甲苯产量的 50%～70%。芳烃联合装置的催化重整和甲苯歧化装置的副产碳十及其以上重芳烃主要用作燃料或高沸点溶剂油，产品附加值低，造成资源损失。因此，如何加工和利用好碳十芳烃是国内外研究的重大课题。

国外甲苯歧化与烷基转移技术以甲苯和碳九芳烃为原料生产苯和二甲苯，碳十芳烃则是副产品。为综合利用碳十芳烃，增加了加氢脱烷基装置把碳九和碳十芳烃转化为苯和二甲苯，增加了投资，而且氢气消耗多，成本高。

中国石化上海石油化工研究院（以下简称上海石化院）发明了一种由非贵金属和特殊的高硅沸石组成的新型分子筛催化材料[14-15]，这种催化材料由采用专有的方法把金属均匀分散在高硅沸石上而合成，具有抗水、耐结焦和处理高碳十芳烃含量原料的能力，而且在高负荷和高转化率下仍具有高选择性、高稳定性的优点。以该催化剂为核心，开发的甲苯歧化与烷基转移成套技术，在一个反应器里不仅完成甲苯与碳九芳烃的歧化与烷基转移过程，而且同时实现了碳十芳烃轻质化生成高附加值苯、二甲苯的过程，可使芳烃联合装置副产物重芳烃减少 50%，苯和二甲苯增产 5%，开辟了廉价碳十芳烃综合利用的新途径。

为解决装置大型化带来的核心设备反应器的放大问题和装置的节能，上海石化院采用流体力学模拟技术，开发了具有锥型挡板的新型气体预分布构件的大型轴向固定床反应器，使大型轴向反应器气流更加均匀；采用流程模拟技术，首次开发了分馏系统全热集成技术，较大幅度地降低了甲苯歧化装置的能耗；首次在国内的甲苯歧化装置中应用了高效焊接板式换热器，充分回收反应产物的热量，并有效解决了设备大型化带来的工程问题。该技术已申请和获得授权数十项中国专利和外国专利，形成了从催化剂、核心设备到工艺流程的专利保护体系，主要技术经济指标达到国际领先水平。在与国外著名专利商的竞标中，多次竞标成功，成套技术在国内的新建和改扩建市场占有率达 100%，催化剂全面替代进口。成套技术和催化剂还成功推广至国外装置。

该成套技术工业应用有效地解决了低附加值碳十芳烃的出路问题，该技术出口海外，使中国从长期引进歧化技术的国家变成了歧化成套技术出口国意义重大。

3. 己内酰胺技术

己内酰胺（CPL）主要用于生产聚己内酰胺纤维树脂，广泛应用在纺织、汽车、电子、机械等领域，尤其在工程塑料领域增长较快。2004 年，中国 CPL 表现消费量达 697 kt，产量为 248 kt，自给率仅 35%，是需要大力发展的产品。

世界上普遍的生产方法是荷兰 DSM 公司的 HPO 法。该工艺以苯/环己烷为原料经过氧气无催化氧化生成环己酮、环己酮与硫酸羟胺发生肟化反应生成环己酮肟、环己酮肟再在发烟硫酸作用下发生贝克曼重排反应生成 CPL。该工艺在羟胺合成、肟化反应、重排反应三道工序都使用硫酸，氨中和后产生大量的副产物硫酸铵，而硫酸铵的经济价值较低，存在生产成本高、环境污染严重的问题。

国内己内酰胺生产一直依赖国外技术，中国石油化工集团公司（以下简称中国石化）通过引进国外技术相继建成了 3 套50 kt/a的己内酰胺生产装置，由于受其工艺流程长、生产技术复杂、操作难度大、环境污染严重、制造成本高等原因，生产企业一直处于亏损状态。为增强企业竞争力，中国石化致力于开发具有自主知识产权的己内酰胺生产新工艺，实现低投入、高产出，组织石油化工科学研究院、巴陵分公司、中国科学院大连化学物理研究所（以下简称中科院大连化物所）、湖南大学等科研院所，进行环己烷仿生催化氧化、环己酮氨肟化、环己酮肟气相重排、CPL 精制等新工艺的开发，已获得突破性进展[12-13,16]。

仿生催化氧化工艺保留了原环己烷氧化工业生产中直接使用空气作为氧源的优点，降低了反应温度和压力，提高了单程转化率和总收率，减少了过程能耗和废液排放量，氧化副产物由多种复杂组分变为以己二酸为主要组分，己二酸的回收利用还可以提高经济效益。该技术在物耗、能耗、环保等方面具有明显的优势，已完成工业应用试验，经济技术指标先进，技术具有独创性。

环己酮氨肟化工艺将环己酮、氨、过氧化氢置于同一反应器中，采用钛硅分子筛催化剂一步合成环己酮肟。与其他工艺相比，具有流程短、环境友好、反应条件温和、设备投资低的优势。

在固体酸催化剂作用下，环己酮肟气相重排成 CPL，由于不使用硫酸和氨，也就不产生副产物硫酸铵，可以大幅度降低生产成本。

己内酰胺加氢精制新工艺利用非晶态镍合金具有的铁磁性特点，与具有流化床和固定床优点的磁稳定床相结合，开发了磁稳定床己内酰胺加氢精制新工艺，在国际上首次实现了磁稳定床反应器的工业应用。

中国石化开发的 CPL 成套新工艺，具有流程短、反应步骤少、反应条件温和、产品质量优、杂质种类与数量少、三废少、投资少、运行成本低、环境友好的优点，拥有自主知识产权，填补了国内己内酰胺产品生产技术的空白，技术成熟可靠，已分别用于中国石化巴陵分公司和中国石化石家庄炼化股份有限公司己内酰胺装置的扩能技术改造和新装置建设。

清华大学与中国石化石家庄炼化股份有限公司合作，开展了甲苯法己内酰胺萃取过程的研究，开发了基于新的混合溶剂萃取新工艺，完成了工业试验。工业运行指标：萃取单元总收率提高 0.6%，溶剂再生能耗减少 50%以上，单元萃取处理能力超过 160%，己内酰胺产品的光密度由 0.07～0.08 下降到 0.05 左右，解决了原引进装置产品质量差、操作成本高的问题，在己内酰胺萃取领域属国际先进水平[17]。

(二)成套技术集成再创新取得重大进展

1. 芳烃联合装置成套技术

芳烃联合装置由预加氢、催化重整、芳烃抽提、二甲苯分馏、甲苯歧化、吸附分离、二甲苯异构化七套装置组成，其产品苯、甲苯和二甲苯(BTX)是重要的大宗石化产品。随着吸附分离技术工业应用成功，中国石化已基本掌握具有自主知识产权的芳烃联合装置成套技术，成为继 UOP、Axens 之后世界第三个比较全面掌握芳烃生产技术的专利商。

催化重整有半再生式重整工艺和连续再生重整工艺之分。半再生式重整工艺采用铂—铼催化系统，主要以生产汽油为主；连续再生重整工艺采用铂—锡催化体系、低压操作工艺。我国已经掌握了半再生式固定床重整的全部技术和连续重整的设计技术。国内开发的 CB 系列半再生式铂铼催化剂的性能已达国际先进水平，新一代连续重整催化剂在连续重整装置上进行了工业应用试验，催化剂活性高于该装置原使用的进口催化剂，还具有良好的抗磨损性和比表面积的稳定性，开发成功具有自主知识产权的 PS 系列连续重整催化剂，已在多套工业装置上得到了应用[18]。

芳烃抽提是回收和提纯苯的最常用的方法，依据抽提溶剂的不同，有多种工艺。我国已形成了具有自主知识产权的环丁砜芳烃抽提技术，并在国际技术市场中标，建设的工业装置已投产。还开发成功环丁砜和乙二醇醚(四甘醇)新溶剂的合成技术。国产环丁砜溶剂已在大型芳烃联合装置应用成功，完全可取代进口环丁砜。此外，国内还开发成功了 N-甲酰基吗啉(NMF)为溶剂的抽提蒸馏技术，并在中国石化燕山分公司工业应用[18-19]。

甲苯歧化和烷基转移是重要的芳烃转化技术。甲苯歧化技术又可分为选择性歧化技术和非选择性歧化技术。非选择性歧化多与烷基转移结合，能够处理较多的 C_9 和 C_{10} 重芳烃，生成的产物呈热力学平衡分布，苯的产生量较少，是目前大多数芳烃联合装置采用的工艺，其技术核心在于开发和使用高性能催化剂。我国在该技术领域也进行了积极有效的研究开发工作[14,18]，先后开发成功 ZA 系列和 HAT 系列催化剂，其中 HAT 系列催化剂达到国际领先水平，已广泛工业应用并出口国外。选择性歧化技术以甲苯为原料生成的混合二甲苯中对二甲苯的含量远高于热力学平衡值，可以大幅度降低分离能耗。我国已开发成功用于该工艺的催化剂制备技术，并完成工业试验，当甲苯转化率为 30%时，对二甲苯选择性可达 90%以上，达到国外同类技术的先进水平。

从催化重整油和裂解汽油获得的 C_8 组分中，工业应用价值较高的对二甲苯仅为二甲苯异构体总量的 1/4 左右，而且还含有较高比例的乙苯。为了提高对二甲苯的收率，工业上通过将分离掉对二甲苯的组分进行异构反应生成需要的对二甲苯。二甲苯异构化工艺主要取决于所开发的催化剂。我国在异构化催化剂研究开发上保持了较高的水平，分别开发了临氢和非临氢催化剂以及高效非临氢催化工艺 RIX[19]。开发成功的具有自主知识产权的 SKI 系列临氢芳烃异构化催化剂活性高、氢烃比低、空速高，C_8 芳烃收率可达 98%以上，在原有设备不变的情况下，可使 BTX 的处理能力提高 30%。

高纯度对二甲苯的生产主要采用吸附分离工艺技术，由高效分子筛和吸附剂配合模拟移动床连续逆流分离技术构成。在吸附塔中，利用吸附剂对混合二甲苯异构体不同的选择吸附能力，经过反复逆流传质交换，使对二甲苯不断提纯，再由解吸剂解吸提纯的对二甲苯，精馏抽出液回收解吸剂，得到高纯度对二甲苯。通过该法生产的对二甲苯纯度可达 99.7%，收率可达 95.0%。我国在芳烃吸附工艺技术方面进行了大胆探索，开发成功具有自主知识产权的 RAX-2000A 型芳烃吸附剂，填补了国内该领域的空白[20]。该吸附剂于 2004 年 9 月在齐鲁石化芳烃装置上进行了首次工业应用试验，装置投料一次开车成功，生产出合格的对二甲苯产品，对二甲苯产品纯度平均为 99.59%，收率平均为 93.13%，超过引进技术的保证值，性能及稳定性均达到国际同类产品的先进水平[21]。

催化重整、芳烃抽提、二甲苯分馏、甲苯歧化、吸附分离、二甲苯异构化等关键技术的开发成功，基本形成了具有我国自主知识产权的芳烃联合生产技术，打破了国外在该领域的长期垄断格局，对推动我国芳烃工业发展、降低生产成本具有重要意义。

2. 乙烯装置成套技术

乙烯是石油化学工业最重要的基础原料之一，由乙烯装置生产的乙烯、丙烯、丁二烯、苯、甲苯、二甲苯，即"三烯三苯"，是生产各种有机化工原料和合成树脂、合成纤维、合成橡胶等合成材料的基础原料。乙烯工业的发展水平总体上代表了一个国家石油化学工业的水平。

当今的乙烯生产技术日臻完善，世界上有 Lummus、Stone-Webester(S&W)、Linde、Kellog & Brown Root(KBR)等多家乙烯专利商，他们都有各自的裂解技术和分离技术。

为了发展我国的裂解技术，中国石油化工总公司（中国石油化工集团公司的前身，成立于 1983 年）成立之初，就着手组织有关科研、设计、工程开发等部门进行裂解炉技术和乙烯分离技术的开发，开发成功北方炉（CBL-Ⅰ至 CBL-Ⅴ型）系列裂解炉技术，南方炉（SH-Ⅰ型）曾进行过工业试验。为了配合我国乙烯装置新一轮扩能改造和建设 800 kt/a 以上乙烯装置的需要，60～80 kt/a 液体进料和 90 kt/a 气体进料的 CBL 裂解炉已成功应用于中国石化齐鲁分公司乙烯装置。成功开发的单炉产乙烯 110 kt/a 的大型 SL-Ⅰ型炉已用于中国石化茂名分公司 Mt/a 级乙烯装置建设。[18,22]。

CBL 型裂解炉辐射段采用 2 程分枝变径 2-1 型或 4-1 型炉管与对流段新二次注汽工艺、高温裂解气二级急冷相匹配的工艺方案。这种炉管的第一程为 2 或 4 根直径较小、比表面积较大的炉管以加快物料的升温速率，第二程为 1 根直径较大的炉管以减轻对结焦的敏感性和减少阻力降，将高温、短停留时间与低烃分压裂解三参数结合较好，烃分压低，反应停留时间短（可达 0.18～0.23 s），裂解选择性高（大庆石脑油裂解，乙烯单程收率达 31%左右），炉管运转周期较长，石脑油裂解可达 60 d 以上，单组炉管处理量较大。CBL 裂解技术中采用二级急冷技术或一级急冷技术来终止高温裂解气的二次反应和回收高温位热能来发生超高压蒸汽，高温裂解气在绝热区停留时间短，急冷迅速，均匀，无气流返混及流量分配问题，有利于提高裂解选择性。由于采用了 CBL 型裂解炉的蒸汽—空气清焦技术，可将第一、第二急冷锅炉的焦与炉管的焦一起烧干净，故二级急冷系统不需对换热管进行机械清焦。国外裂解炉二级急冷工艺一般只用于石脑油及更轻原料，CBL 二级急冷工艺不仅在轻柴油裂解时获得成功，还在优良的重质原料（如加氢裂化尾油）裂解时取得了很好效果。CBL 裂解技术根据原料性质的不同，选用不同的稀释蒸汽注入技术。开发的新型二次注汽技术是 CBL 裂解技术中独创的一种既能迅速提高物料进入辐射段温度（约可提高 50℃），又能保证物料在对流段不会发生结焦问题，还可节省燃料的新型稀释蒸汽注入法，有利于延长炉管的运转周期，已在以石脑油、轻柴油为原料的裂解中成功地应用。CBL 型裂解炉采用侧壁和底部燃烧器联合供热方式向辐射段炉管提供反应所需热量，炉膛供热均匀，炉膛烟气温差小，炉管壁温变化均匀，无过热现象。

CBL 裂解炉可以在不同的时间内采用不同的工艺参数裂解多种原料（例如乙烷、凝析油、石脑油、轻柴油、加氢裂化尾油)，也可以在同一时间的不同组炉管内裂解两种原料(如 3 组炉管裂解石脑油，1 组炉管裂解乙烷)。

裂解气通常由甲烷、氢、C_2 馏分、C_3 馏分、C_4 馏分、C_5 馏分和裂解汽油等组分组成，主要分离流程有顺序分离、前脱 C_3 前加氢和前脱乙烷前加氢等流程。国内开发的分凝分馏塔新技术[18]，具有比分凝分馏器更高的传热传质效率，理论板数要高于 10 块以上，将它用于激冷和脱甲烷系统，或者与前脱 C_3 前加氢相结合，可以降低三机的能耗10%～20%。另外，还可减少脱甲烷塔负荷，节省低温合金材料的消耗，节省设备投资费用 5%。正常运转时，还可减少乙烯损失，提高乙烯收率。

为了适应产品的需要，必须用相应的净化技术去除其中的杂质，如脱除甲烷、氢中一氧化碳、C_2 馏分选择加氢除乙炔、C_3 馏分选择加氢除丙炔和丙二烯、C_4 馏分加氢、C_5 馏分和裂解汽油加氢，这些技术国内相继实现了国产化。

大型乙烯球罐由于在低温(－30 ℃)状态下使用，受到材料、工艺技术等限制，早期全部由国外进口。经过多年攻关，完全国产化 CF-62 钢制 1 500 m^3 球罐已安全运行数年。乙烯装置中裂解气压缩机、丙烯压缩机和乙烯压缩机“三机”制造基本实现了国产化零的突破，我国自行研制的“三机”，集中大量成熟的技术、新技术和设计经验，性能基本达到当代国际同类产品的先进水平。杭州杭氧股份有限公司大型乙烯装置成套冷箱研制成功，标志着我国已经掌握了大型乙烯冷箱设计、制造的关键技术，实现了乙烯冷箱的国产化，填补了国内空白，其主要技术指标达到了当代国际同类产品先进水平。

华东理工大学开发了裂解炉先进控制技术和软件并得到了应用验证[23]，实际运行效果表明能够大幅度提高裂解炉炉管出口平均温度、总进料烃流量以及裂解深度的控制平稳度，产生了显著的经济效益。他们还进行了乙烯装置中丙烯精馏先进控制技术的研究，在实际使用中，也取得了较好的效果。

大型乙烯装置核心装备及技术的国产化，标志着我国已基本具备采用自主技术建设800～1 000 kt/a乙烯装置的能力，将推动乙烯工业的发展，提升我国的装备制造业水平。

3. 乙苯/苯乙烯成套技术

乙苯主要用于制造苯乙烯，苯乙烯是重要的基本有机原料，用于制造合成树脂和工程塑料。乙苯生产主要有苯和乙烯烷基化法，以及炼油厂的碳八芳烃馏分分离两种，前者约占总量的 90%，后者占 10%。苯乙烯生产主要有乙苯催化脱氢法、乙苯共氧化联产苯乙烯/环氧丙烷法，其中乙苯脱氢约占总量的 90%。世界上的主要专利商是 Fina/Badger、ABB Lummus/UOP。我国在 20 世纪 90 年代分别从 Fina/Badger、ABB Lummus/UOP 引进了 6 套分子筛法乙苯/苯乙烯装置。进入 21 世纪，采用 Shell 公司的乙苯共氧化联产苯乙烯/环氧丙烷技术合资建设了一套 550 kt/a 苯乙烯装置，采用 Lummus/UOP 的苯乙烯节能工艺合资建设了一套 500 kt/a 苯乙烯装置。为实现分子筛法乙苯/苯乙烯成套生产技术的国产化、大型化，国内多家单位在消化吸收引进技术的基础上，进行了国产化技术的联合攻关。

石科院等三家单位在小试、中试技术成功的基础上，进行了工业规模分子筛法乙苯装置成套技术的开发[24]，该成套技术已多次用于国内 $AlCl_3$ 法乙苯装置的扩能技术改造，实现了乙苯装置的大型化与清洁生产。工业运行结果表明，装置运转平稳易于控制，能耗、物耗、产品质量等各项重要技术指标达到国际先进水平。目前，开发单位正在为用户进行 600 kt/a 分子筛法乙苯装置开发与设计工作。

上海石化院在中试技术成功的基础上，联合高校、工程公司进行了乙苯负压绝热脱氢制苯乙烯成套技术的开发工作[24]。针对乙苯负压绝热脱氢工艺过程存在高温、负压及工艺物料易裂解结焦的特点，开发了具有二维流动的轴径向反应器，减少了流动死区，提高了催化剂的转化率和选择性，催化剂利用率高；开发的异孔径喷射流快速混合技术和高均匀度的流体径向分布技术，使轴径向脱氢反应器实现了不同物料间快速均匀混合；解决了高温条件下的特殊材料选用问题，以及脱氢反应区一体化设计和大直径高温管道系统的热膨胀补偿及应力分析问题；通过确定合理的炉型以及采用大弯管炉管结构、平衡锤与恒力弹簧支吊架结构相结合的支承型式，消除了高温管系的弯曲、断裂现象。针对苯乙烯工艺物料易聚易堵、引进装置乙苯/苯乙烯分离达不到设计要求和焦油量大的问题，开发了苯乙烯只经二次加热的低温精馏工艺、焦油绝热闪蒸回收工艺，有效地降低了苯乙烯的聚合损失，充分回收了焦油中的苯乙烯；开发了双切向环流气体分布器和新型抗堵塞、全连通槽式液体分布器以及乙苯/苯乙烯新型分离工艺，使乙苯、苯乙烯分离达到了设计要求，并解决了大型化问题。以负压绝热脱氢工艺、苯乙烯低温精馏工艺、苯乙烯焦油绝热闪蒸工艺为核心技术以及以脱氢反应器、蒸汽过热炉、组合换热器、粗苯乙烯塔为核心设备的 S-SMT 技术已用于中国石化齐鲁分公司 200 kt/a 苯乙烯装置的建设，是当时国内最大的苯乙烯装置。装置标定结果表明，主要技术经济指标达到国际先进水平。目前，该成套技术正在国内大幅推广，更大规模的乙苯负压绝热脱氢制苯乙烯成套技术正在开发之中。

开发成功的国产化分子筛法乙苯/苯乙烯大型成套生产技术，可大幅度降低装置的建设投资，物耗低于引进装置、能耗与引进装置相当，具有完全自主知识产权，打破了国外技术的垄断，经济和社会效益十分显著。

4. 丙烯氨氧化制丙烯腈成套技术

丙烯腈是三大合成材料的重要原料之一，丙烯催化氨氧化工艺是丙烯腈的主要生产方法，同时副产乙腈和氢氰酸。

为实现丙烯腈生产技术的国产化，上海石化院首先进行了催化剂的研制工作，先后开发成功的 MB 系列催化剂和 SAC2000 催化剂，具有空气比低、空速高、能适应较高反应压力，丙烯腈单程收率超过 80%，达到国际先进水平在国内丙烯腈装置上得到广泛应用，并出口海外。在此基础上，上海石化院联合国内多家研究单位和工程公司，进行了丙烯氨氧化制丙烯腈成套技术的开发工作[14]，对其核心设备流化床反应器进行了动力学和流体力学研究，建立了反应器数学模型，开发了多种具有自主知识产权的新型内构件，如侧吹空气分布板、多重圆环型丙烯、氨气体分布器、PV 型旋风分离器等，进一步提高了反应器的流化质量，提高了分离催化剂的效率；通过改变反应器冷却水管的组合方式，提高了对反应温度的调节精度(可控制在 4℃以内)；开发了复合萃取精馏新技术，改善了氰氢酸的分离效率，并可以回收浓度高达 80%的粗乙腈，大大简化了乙腈精制工艺；脱氰塔采用塔釜出料后脱水工艺和负压工艺，避免了脱氰塔存在的过度脱水现象，降低了氰氢酸和丙烯腈的聚合，减少了丙烯腈的聚合损失，使运转周期明显延长。针对国内引进装置丙烯腈精制回收率低于国外装置的现状，上海石化院进行了提高精制回收率技术的研究，先后开发成功了两代技术，通过对急冷塔工艺、设备结构参数的调整和优化及在急冷塔内设置独特的内构件，可使丙烯腈装置的精制回收率由引进之初的90%左右提高到96%，极大地降低了生产成本，提高了装置竞争力。

该成套技术的开发成功，打破了国外技术的垄断，主要技术经济指标达到国际先进水平，已用于国内丙烯腈装置的建设和扩能改造，取得了较大经济效益和社会效益。

5.对二甲苯氧化制对苯二甲酸成套技术

精对苯二甲酸(PTA)是聚酯工业的原料，主要采用对二甲苯(PX)空气氧化法生产。近年来，由于我国聚酯工业的高速发展，造成PTA严重短缺，2004年PTA国内消费量已超过世界产量的1/3，达10 Mt左右，其中一半以上依赖进口。我国从20世纪70年代开始大量重复引进PTA装置，至今已有16套，不仅囊括了DuPont、BP、三井、Eastman等各种主流工艺，还包括了这些公司不同年代和产能规模的装置，其种类之齐全，为全世界绝无仅有。目前还有多套装置的引进计划正在报批。

为了实现PTA技术与装置的国产化，中国石化仪征化纤公司、扬子分公司、上海石化股份有限公司与浙江大学在消化吸收的基础上，针对国外技术氧化部分各自特点、加氢精制部分基本相同的情况，首先进行了PX氧化热模实验研究，采用专门开发的实验技术，系统考察了温度、PX浓度、催化剂浓度与配比、气相氧浓度、含水量等各种因素对液相各步主反应速率、燃烧副反应速率、对苯二甲酸(TA)结晶速率与杂质含量的影响，获得了全新的氧化机理认识与动力学模型，能够准确预测工业条件下各种工艺参数变化对反应过程的影响；建立了大型冷模实验装置考察反应器流动与传递规律，考察了流型、搅拌功率、操作气速、固含率等因素对反应器混合、固体悬浮、气含率、气液传质速率的影响，获得了有关的流动图像与传递数据；开发了新型鼓泡塔式氧化反应器，其下部设气体分布器，底部出料，同时将精馏塔组合在鼓泡塔上部，可直接利用反应热进行溶剂脱水，有利节能；反应段溶剂比、停留时间、含水量等条件的设定兼顾了氧化反应、结晶粒径、溶剂消耗等方面的要求，新型氧化反应器具有结构简单、无运动部件、造价低廉的特点，能够满足氧化反应、气液传质、混合、固体悬浮等多方面的要求；建立了反应器数学模型和相关的工程数据库：模型从多方面描述了工业反应器中的氧化反应、气液传质、相平衡、放热与移热、成核与结晶多种过程，数据库包括反应动力学数据、结晶动力学与热力学数据、冷模传递数据、气液平衡数据、热物性数据、反应器结构与操作数据等六类基础数据，按照投资最省、能耗与物耗最低的要求进行了PTA系统集成和流程优化设计[25]。

华东理工大学对PTA生产过程进行了先进控制技术研究[23]。工业应用表明，投运先进控制技术后，反应进料中Co、Mn、Br离子浓度波动平稳度提高40%以上，反应杂质4—羧基苯甲醛(4-CBA)含量波动平稳度提高33.28%，PTA产品结晶粒度分布值在(90.65 ±1.05)%范围内波动上升到在(92.09 ±0.79)%范围内波动，取得了较好的效果。

开发出具有自主知识产权的、以新型氧化反应器与更为先进的氧化工艺为核心的PTA成套技术，可使PTA新建项目总投资比引进装置节省15%～25%，能量消耗比目前引进的 PTA 装置节省 20%以上,物耗与最新引进装置的指标相当[25]。在有关企业的增容改造、工业实验、工艺软件包开发中得到了成功的应用。PTA 技术与装置引进的历史有望尽快结束。

6. 双酚 A 成套技术

双酚 A 是合成聚碳酸酯、环氧树脂及耐高温聚酯等产品的重要有机化工原料,还大量用于制造涂料、黏合剂、橡胶防老剂、农药杀菌剂、阻燃剂等,是我国目前需求量增长最快的化工产品之一,但产量远远不能满足需求,每年都需大量进口。

双酚 A 是由丙酮与过量苯酚在酸性催化剂作用下合成的。根据催化剂的不同,工业生产方法有硫酸法、氯化氢法和离子交换树脂法。我国早期采用硫酸法或氯化氢法建有小规模的双酚 A 生产装置,因腐蚀、污染、消耗及规模问题,企业效益不佳。树脂法具有明显的技术优势,多相反应催化剂不用分离,对设备无腐蚀,产品质量高,能很好地满足合成聚碳酸酯的要求,代表了当今双酚 A 生产技术的发展趋势。但十多年前,技术由国外公司垄断,国内引进该技术存在一定难度。

中国石化组织天津大学石化技术开发中心等单位进行了以改性的离子交换树脂作为催化剂的树脂法双酚 A 生产成套技术的开发[26]。为了获取以树脂为催化剂双酚 A 缩合反应的动力学特性,为反应过程分析及工程放大提供理论基础和依据,开发单位深入分析了苯酚与丙酮在阳离子强酸性树脂上的缩合反应过程机理,研究了各种因素对该过程的影响,得到了双酚 A 缩合反应的本征动力学方程,首创了催化气提反应工艺,在缩合反应过程中及时脱出反应生成的水,缩合反应速率大幅度提高,并第一次将同伦延拓法用于模拟高度非线性的催化气提复合反应过程,取得了成功。采用最新发展的间歇动态法测定了苯酚与双酚 A 加合物结晶动力学参数,成为结晶过程分析,结晶器设计、模拟和优化操作的基础。为解决双酚 A 的高沸点与低耐热性能之间的矛盾,采用计算机模拟技术,成功地开发出国际首创的一级降膜复合水蒸气汽提脱酚工艺,既保证了脱酚效果,又降低了操作温度。开发了以二次加合物晶体形式返回主流程的母液回收工艺,主流程只进行一次加合物结晶即可获得高品质的双酚 A 产品,双酚 A 异构体、色满及三酚等重组分杂质在二次母液中得到富集,减少了送至裂解重排单元的二次母液量,降低了双酚 A 在裂解过程中的损失量。在核心设备开发方面,开发的缩合反应器设备结构合理,操作弹性大,易于控制,更换催化剂方便,易于放大;建立了大型结晶器的设计方法,确定了放大准则、制造标准、控制方案,实现了结晶设备的大型化及单机长周期稳定运行;研制了降膜蒸发器及其液体预分布器,并提出了抗堵型管内布膜器设计与放大方法。

该成套技术创新点突出,在流程组合及化工单元技术的开发等方面取得突破,已用于工业装置建设。

7. 合成氨成套技术

依托山东华鲁恒升化工股份有限公司实施的大型氮肥国产化技术改造项目于 2004 年底正式建成投产[27]。该项目开发研制了具有自主知识产权的大化肥核心技术与成套设备,开发了四喷嘴撞击流水煤浆气化、低温甲醇洗和液氮洗、11.0 MPa 氨合成、水溶液全循环尿素等工艺软件包;研制了水煤浆气化、合成气净化、氨合成和尿素合成等关键设备。实现了首套以煤为原料的大化肥装置国产化，标志着我国从此告别了大型化肥装置主要依赖进口的时代，这是我国大化肥建设的历史性突破。按投资计算，该成套装置的国产化率达到94%左右，与进口设备相比节约投资10多亿元。这一重大技术装备研制成果，为调整我国氮肥行业的原料结构提供了技术支撑，对提高化肥行业技术与装备水平，增强企业竞争力，带动和促进相关产业发展具有重要意义。

8.渣油加氢处理成套技术

渣油加氢处理技术主要用于加氢处理中东劣质含硫渣油，最大量生产汽、柴油，同时脱除渣油中硫、氮等杂质，减少环境污染，用作低硫燃料油，或作为催化裂化过程进料。然而，由于渣油组成和分子结构复杂，杂质含量高，加氢反应难度大，导致渣油加氢催化剂、工艺及工程设计制造的技术难度都很大。中国石化组织抚顺石油化工研究院、洛阳石化工程公司等单位进行了渣油加氢处理成套技术(S-RHT)的开发工作[28]，注重对原料渣油进行"深精制，浅裂化"，即低裂解率，高脱杂质率，使得加氢后渣油经催化裂化可全部转化为汽、柴油，取得了多项创新成果：在反应动力学研究基础上，提出了催化剂组合装填比例优化新方法；发明了串联反应器床层温度逐级递增控制方案，使得各床层的反应负荷均化，反应伴生的焦炭及金属硫化物沉积得到控制；发明了一种催化剂在线处理方法，可使催化剂活性得到一定程度的恢复，且有利于抑制床层压降的增长；首次采用碳化法氧化铝为载体制备孔隙率高、固体容量大的催化剂；合理调节各反应器床层催化剂的表面性质，使催化剂活性逐渐过渡，从而促进各床层反应负荷均化；发明了一种抑制催化剂 K^+ 组分流失的方法，既保护了催化剂的抗结焦能力，又避免了 K^+ 对下游催化剂的污染；在制备加氢脱残炭催化剂时，引入适量Ni-Al尖晶石，提高了催化剂抗结焦能力；开发了大型设备的设计方法和计算程序；设计了新型的物料分配盘，保证了在大直径反应器内物流均匀。

该项目共申请国内外专利111件，其中39件已获授权。应用S-RHT成套技术设计建造的2 Mt/a工业装置运行和标定结果表明，各项技术性能达到国际先进水平，实现了我国含硫原油加工技术的突破，填补了国内空白，为加工进口高硫劣质原油提供了技术支撑，具有良好的社会效益。

(三)化工装置大型化取得了进展，部分领域达到世界先进水平

1.大型乙烯裂解炉技术

乙烯裂解炉是乙烯工业的关键设备，具有技术水平高、投资大、用量广的特点。20世纪90年代后期，世界乙烯装置向大型化方向发展，单台裂解液体原料的裂解炉能力已达到100 kt/a乙烯以上。根据国家远景规划，2010年我国乙烯生产能力要达到16.9 Mt/a，需要扩建和新建一批600～1 000 kt/a的乙烯装置，这就要求匹配单炉生产能力在100 kt/a以上的大型裂解炉。进行大型炉的开发既是国内乙烯技术市场的需要，也对提高我国裂解技术水平、增强我国乙烯技术的国际竞争力具有现实意义。中国石化集团公司自成立之日起就非常重视裂解炉国产化技术的研究，先后组织了单炉能力为20 kt/a、30 kt/a、40 kt/a、60 kt/a、90 kt/a的CBL裂解炉的开发、设计和建设工作。

开发单位瞄准大型乙烯裂解炉在乙烯收率、原材料消耗、能耗、操作周期等方面世界先进水平，开展了大量的前期调研工作，在CBL裂解炉技术已取得的成果上，针对大型化裂解炉的结构、配置方案、辐射段炉管构型及布置方案、对流段结构及布置方案、物料与热量均布方案、大型化裂解炉工程技术研究、关键设备的国产化、重质原料的裂解工艺设计及操作运行、延长重质原料裂解运转周期的烧焦方法等工程技术问题，结合我国乙烯原料的实际情况，吸收、借鉴国外同类先进技术，对多种方案进行了计算、筛选，解决了大型乙烯裂解炉对流段、辐射段、急冷锅炉、油急冷、供热系统总体配置的研究、控制方案研究和大型乙烯裂解炉钢结构及配管的设计等重大关键技术开发；解决了大型裂解炉关键设备的国产化，解决了设计与制造中的难题；完成了大型化裂解炉的裂解工艺技术的研究，解决了大型裂解炉适应原料重质化和原料灵活性方面的有关问题；解决了各种大型化裂解炉有关放大问题。设计并制造了两台100 kt/a基于CBL技术的与Lummus合作开发的大型SL-I型裂介炉，用于中国石化燕山分公司乙烯改造建设，投油一次成功。之后又在中国石化茂名分公司乙烯由380 kt/a至1 000 kt/a改造工程中采用基于CBL-V型炉技术的SL-IM型技术建设了2台单台能力为110 kt/a改进型SL-I型大型袭解炉，一次投运成功，运转情况良好。

依靠自己的科研、设计、生产和建设力量首次建成并投用成功的国内规模最大的100 kt/a以上乙烯裂解炉，填补了国内大型裂解炉的空白，工艺技术指标先进，为新建或改扩建乙烯装置大型裂解炉的国产化提供了宝贵的实践经验，为进一步开发建设更大型裂解炉提供了技术依据，为进一步开发具有中国特色的乙烯工业技术打下了良好的基础，增强了我国乙烯技术的国际竞争力；大型乙烯裂解炉设备材料的国产化率达到95%以上，也带动了国内相关机械制造工业、冶金工业的发展[18,22]。

2. 300 kt/a均温型甲醇合成反应器

甲醇合成塔是广泛应用于我国甲醇生产厂的固定床反应器，国内现有甲醇合成装置多采用高压法和中压联醇法，存在能耗高、规模小、投资大的缺陷。低压甲醇合成技术是我国要重点研究开发的高新技术，针对我国现有甲醇合成装置存在的缺陷，杭州林达化工技术工程公司开发了一种以煤和天然气为主要原料、能够广泛应用且投资少、效果好的低压甲醇合成技术和合成塔。

该技术的核心——气固相均温型甲醇塔[29]，是不同于现有国内外甲醇塔的全新反应器结构，属高效节能技术，为国内外首创。其主要技术特点是：在全部催化剂床层中设计了可自由伸缩活动装配的冷管束，用管内冷气吸收管外反应热，管内冷气与催化剂床层中反应气进行并流换热和逆流间接换热，通过计算机优化设计冷管结构和参数，从而达到催化剂床层温差比Lurgi等温塔小（JW塔径向＜5℃，轴向＜10℃，Lurgi塔＜30℃），而结构比Lurgi塔和SPC塔更简单可靠的目标。结构独特的U形管，催化剂装填系数从30%提高到70%；强化传热，使催化剂床层轴径向温差小、温度均匀，延长了催化剂寿命，提高了甲醇产量，降低了物耗和能耗，且易实现装置的大型化，主要技术指标达到国际领先水平，已获中国专利并已申请多国专利，可替代引进技术及技术出口，具有较强的国际竞争能力。目前已完成国内最大300 kt/a均温型甲醇合成反应器的工程设计。

3. 大型高效搅拌槽/反应器

大型高效搅拌槽/反应器项目是近年我国在化工领域取得的重要成果之一[30]。该项目通过深入、系统的应用基础研究，采用和开发了先进的测试技术，对搅拌槽内的单相、固—液及气—液两相流的流场、宏观及微观混合特性、固—液两相体系的悬浮特性、中高黏度及非牛顿流体的混合及传递特性、沸腾体系的分散及流动特性等进行了系统的实验研究；并采用计算流体力学(CFD)的方法对搅拌槽内的流场、温度场、浓度场以及工业规模反应器内的流体流动进行了数值模拟与分析；在上述基础上，开发了适合于不同工艺过程要求、具有自主知识产权的大型高效成套搅拌槽/反应器技术软件，主要包括搅拌桨型式、桨叶层数及安装位置、釜体结构、釜内构件、换热方式及强化手段、搅拌槽/反应器工程放大准则等，为大型高效搅拌槽/反应器成套技术及装备的工业应用奠定了坚实的基础，扭转了我国关键的大型搅拌槽/反应器长期依赖进口的局面，在多次与国外著名专业大公司的竞标中取得成功。该项目技术总体上属国际先进水平，在某些应用领域如苯乙烯—丁二烯—苯乙烯嵌段共聚物(SBS)聚合釜、氢氧化铝结晶器、磷酸反应器、酯化反应器、聚合物溶液熟化罐等达到国际领先水平，已向石油化工、化工、冶金、生物化工、制药、精细化工、环保等行业的近 50 家企业提供了 500 多台/套的搅拌槽/反应器成套装置，技术先进、性能价格比明显优于国外同类技术和产品，并已向国外出口了多套装置，有力地提高了国际竞争力，取得了显著的经济和社会效益。

4. 高效规整填料精馏塔技术

随着我国化学工业的发展，对精馏设备的大型化、分离的精细化要求也越来越高。为解决大型精馏塔中流体流动与传质的合理分布问题，由中科院院士余国琮教授率领天津大学精馏团队在国际上率先提出了计算传质学研究的新领域[31]。在大型精馏塔中采用了高效规整填料精馏塔的新设计计算方法，同时发展了新的规整填料和高性能液体分布器，开发了多变参数分批精馏技术、高凝固点物料精馏技术。开发的新型系列波纹填料与相应型号的传统规整填料相比，在不增加能耗的前提下，分离效率、通量等技术指标均显著提高，使我国的规整填料技术达到国际先进水平。

目前该技术已在石油化工、炼油、空气分离以及精细化学品的分离和纯化等领域得到广泛应用，采用此技术的精馏塔器已超过 6 000 座，取得了巨大的经济效益和社会效益。

(四)化工清洁生产技术研究进展良好，一批绿色工艺得到工业应用

1. 分子筛法乙苯清洁生产技术

乙苯是重要的基本有机化工原料，主要用于制造苯乙烯。传统的乙苯生产工艺多采用三氯化铝法，缺点为工艺流程长、设备腐蚀和环境污染严重，对安全生产带来隐患。20 世纪 80 年代初出现的气相烷基化工艺，使用含 ZSM-5 分子筛的催化剂，解决了设备腐蚀和环境污染问题，但存在乙苯产品中二甲苯杂质含量较高等缺点。20 世纪 90 年代初，国外开发出了使用分子筛催化剂的液相烷基化工艺，不仅保持了气相法的无设备腐蚀、无环境污染的优点，而且具有反应温度低，操作条件缓和，工艺流程简单，产品乙苯中二甲苯杂质含量低等优点。

石科院自1990年开始进行苯和乙烯液相烷基化合成乙苯的探索研究[16,32-33]，筛选了多种催化材料，经过400多个催化剂配方的制备与评价，开发了AEB-2型液相烷基化催化剂，具有活性高、乙苯选择性好、活性稳定等特点，获得了中国专利、美国专利和意大利专利。通过研究苯和乙烯液相烷基化合成乙苯的反应过程及机理，石科院又进行了苯和乙烯液相烷基化合成乙苯循环固定床反应新工艺的研究，提高了热回收率并降低了原料预热能耗，易于采用相对低的苯/乙烯分子比，从而降低苯塔负荷，降低能耗，有效抑制催化剂上的结焦，提高催化剂的活性和稳定性。新工艺获得了中国专利。经过中试放大，验证了AEB型催化剂良好的烷基化活性和乙苯选择性、循环反应工艺流程的可行性和乙苯产品中二甲苯杂质含量低的特点，生产过程中无三废处理问题，属清洁生产工艺，达到国际同类技术先进水平。在上述催化剂和工艺的基础上，石科院又研究开发了AEB-1型低温苯和多乙苯液相烷基转移催化剂，并申请了中国专利。由此形成了苯和乙烯液相烷基化生产乙苯的成套技术。

该成套技术已用于中国石化燕山分公司和齐鲁分公司以及中国石油兰州分公司$AlCl_3$法乙苯装置的扩能技术改造，国内乙苯生产已全部实现清洁生产，取得了良好的经济效益和社会效益。

2. 分子筛法异丙苯清洁生产技术

异丙苯是一种重要的有机化工原料，98%用于生产苯酚和丙酮。我国早期采用国外引进技术建设了多套固体磷酸作催化剂合成异丙苯的装置，存在目的产物选择性差，物耗和能耗较高，以及因磷酸流失造成对设备的腐蚀和环境的污染问题。而分子筛液相烷基化合成异丙苯清洁生产技术具有反应条件温和、无腐蚀、无污染和中间产品异丙苯质量好等优点。

为实现异丙苯清洁生产技术的国产化，中国石化组织燕山分公司、北京化工大学和北京服装学院合作开展了此工艺的研究，经过筛选决定采用磷—混合稀土BETA沸石合成技术，制备出单一的中等强度的酸性活性位和孔径分布均一的沸石[34]。以此为原料制备的催化剂在保持较高活性的同时提高了目的产物的选择性，延长了催化剂的寿命。在研究催化剂的同时，对于在液固相反应条件下的工艺参数、反应器的结构以及反应产物的分离流程进行了深入研究，开发出合成异丙苯的清洁生产成套技术，并用于中国石化燕山分公司原固体磷酸法异丙苯装置的扩能技术改造。改造后开车一次成功，各项技术经济指标达到设计要求。在利用原有反应器和不增加催化剂用量的条件下，烷基化单元的异丙苯年生产能力提高57%，原料苯和丙烯的单耗分别降低了8%，每吨产品蒸汽消耗下降20%，电耗降低35%，累计减少排放污水900 kt，并从源头上消除了环境污染和设备腐蚀问题，极大地改善了操作工人的劳动条件，经济和社会效益显著。

上海石化院以新型复合孔催化材料为核心的异丙苯合成催化剂，苯烯比可降至2.5，达到国际先进技术水平，现正进行工业应用试验[14]。以该催化剂为基础，上海石化院正在进行大型异丙苯清洁生产成套技术的开发，将用于中国石化天津分公司的300 kt/a异丙苯装置建设。

石科院进行了分子筛法异丙苯悬浮催化精馏技术的研究，有望进一步降低能耗和装置投资，目前已完成中试研究[18]。

3. 清洁燃料生产技术

为保护地球环境，我国车用燃料在2005年开始执行欧Ⅱ排放标准，2008年将执行欧Ⅲ排放标准；而北京市为迎接奥运会率先于2005年执行欧Ⅲ排放标准，2008年计划执行欧Ⅳ排放标准。为满足日益严格的环保法规要求，石科院提出了生产满足欧Ⅲ排放标准汽油组分兼顾多产丙烯的催化裂化技术（MIP-CGP）、渣油催化裂化（RFCC）与催化汽油加氢脱硫异构降烯烃（RIDOS）工艺的组合、多产异构烷烃的催化裂化工艺（MIP）或MIP-CGP技术和汽油全馏分选择性加氢脱硫（DS）的组合等清洁汽油生产的基本途径[35]。

多产异构烷烃的催化裂化工艺MIP是根据市场需求研发的、具有我国自主知识产权的、生产清洁汽油的开创性技术。它是从催化裂化过程的化学反应机理出发，独创地提出了裂化和转化（异构化、氢转移、烷基化）两个反应区的新概念，由此设计出具有两个反应区串联的新型提升管反应器，并形成了相应的工程技术。MIP工艺可以大幅度降低汽油的烯烃含量，同时可以提高重油转化能力，烯烃含量可降至35 v%以下，重油产率减少3个百分点，并可适当降低汽油硫含量，提高汽油的诱导期。在此基础上，开发了MIP-CGP技术，可直接生产烯烃含量满足欧Ⅲ排放要求的汽油，同时增产丙烯，使催化汽油烯烃含量降至18 v%以下，芳烃含量小于35 v%，丙烯产率不小于8 v%。

为了在催化汽油加氢处理脱硫和降烯烃的条件下，尽量避免辛烷值的损失，中国石油化工股份有限公司进行了大量的研究开发工作。其中，抚顺石油化工研究院开发了催化汽油选择性加氢脱硫技术（OCT-M）、FCC汽油全馏分加氢脱硫技术（FRS）和FCC汽油芳构化降烯烃技术（OTA）等，并取得了工业应用的结果。工业运转数据表明，硫含量417～442 μg/g的MIP汽油，经过OCT-M技术处理，产品硫含量63～24 μg/g时，RON损失0.4～1.8个单位，碳四以上液收99 wt%以上。石科院开发了催化汽油加氢异构脱硫降烯烃技术（RIDOS）和催化裂化汽油选择性加氢脱硫技术（RSDS），可在深度脱硫、深度降烯烃的同时，通过烷烃异构化反应弥补辛烷值损失，烯烃含量从48.5 v%降到17.8 v%，硫含量从109 ppm降到10 ppm，抗爆指数仅损失1.3单位，碳三以上液体收率100.4 wt%，产品中硫和烯烃含量满足欧Ⅲ或欧Ⅳ排放标准。

清洁柴油生产技术的开发以柴油的深度脱硫、脱芳和提高十六烷值为主要目标。中国石化开发了生产低硫、低芳烃柴油的单段加氢技术SSHT、两段法柴油深度脱硫脱芳FDAS技术、提高柴油十六烷值的MCT和RICH技术、中压加氢改质的MHUG技术和中压加氢裂化RMC技术等。采用SSHT技术，以中东直馏柴油为原料可以生产出硫含量小于30×10^{-6}、芳烃小于15 wt%的优质柴油；以催化裂化柴油馏分为原料可以生产出硫含量小于300×10^{-6}、芳烃小于25 wt%的优质柴油；采用MCI和RICH技术，可同时完成脱硫、脱氮、烯烃与芳烃的饱和及选择性开环裂化反应，在保持高柴油收率的前提下，可较大幅度地降低密度和芳烃含量、提高十六烷值，密度降低值在0.035 g/cm^{3}以上，十六烷值提高幅度在10个单位以上，柴油收率可保持在95%以上；MHUG技术以劣质催化柴油为原料，在中等操作压力条件下，将原料油中的多环芳烃部分加氢饱和，继以选择性的开环裂化，得到芳烃含量低、密度低、十六烷值大幅度提高的优质柴油（硫含量<30 $\times10^{-6}$，总芳烃含量<25 wt%），兼产部分高芳潜的石脑油和优质尾油，并可根据需要灵活调整转化率以兼产优质石脑油，扩大重整料，为清洁汽油的生产提供原料；中压加氢裂化技术 RMC 采用加氢精制与加氢裂化两种催化剂串联一次通过流程。另外，新开发的 FH-UDS 催化剂具有很高的脱硫活性，在相近的工艺条件下，只要将其上一代催化剂换为 FH-UDS 催化剂，产品柴油的硫含量即可由符合欧Ⅱ或欧Ⅲ标准升级为符合欧Ⅲ或欧Ⅳ标准。采用该上述系列技术，我国已有能力生产达到欧Ⅲ和欧Ⅳ排放标准的优质柴油。另外，中国石化抚顺石化院开发的 FDC 等高压加氢裂化技术可最大量生产符合欧Ⅴ排放标准的优质柴油。

（五）聚合物生产装置大型化取得了突破

1. 大型聚丙烯成套技术

聚丙烯作为通用塑料的一个重要品种，已逐渐成为发展速度最快、产量最大、牌号最多、用途最广的合成树脂品种之一。目前世界上应用最为广泛的聚丙烯生产工艺技术有 Basell 公司的 Spheripol 工艺和 Spherizone 工艺、Borealis 的 Bostar 工艺、Dow 公司的 Unipol 工艺、ABB 公司的 Novolen 工艺、INEOS 公司的 innovene 工艺。

中国石化为开发具有自主知识产权的聚丙烯工艺技术，组织中国石化工程建设公司和北京化工研究院（以下简称北化院）等单位，在开发成功国产化连续釜式法聚丙烯工艺技术基础上，开发了以环管反应器和催化剂为核心的聚丙烯工艺成套技术[22]。在该成套技术开发中，开发单位采用流体力学模拟技术，模拟了环管反应器中的流场/温度场的分布，为环管反应器的放大提供依据；采用聚合物模拟技术，结合新型催化剂的实验数据，准确模拟了实际反应过程中的催化剂活性/时空产率、聚合物的分子量分布及分子量控制因素、改性共聚物的反应条件；采用动态模拟技术，解决了反应压力提高到临界压力条件后，聚合反应安全排放系统的设计问题。模拟技术与实验研究的有效结合，解决了工艺改进/工程放大过程中的诸多关键问题。

国产化环管法聚丙烯成套技术的成功开发，实现了工艺技术、催化剂以及大部分设备的国产化，可以生产大范围牌号的均聚、无规共聚和抗冲共聚产品，还可生产国内市场急需的高性能聚丙烯专用料和性能改进的通用料，顶替进口产品，增大国产聚丙烯的市场份额。目前，采用该技术设计建成了多套 200 kt/a 和 300 kt/a 规模的大型聚丙烯装置。和同类引进装置相比，具有技术先进可靠、消耗低、投资省、风险小、国产化程度高和产品牌号范围广等特点，达到了国际先进水平，市场竞争能力强，经济效益显著。

2. 大型聚酯国产化技术

聚酯及相关产业是我国纺织、包装业的重要原料，高质量、持续、稳定地发展聚酯及相关产业，是国民经济发展的重要环节。过去，所有生产装置均从国外引进，产能远远不能满足国内市场的需求。

中国石化组织中国纺织工业设计院等单位实行联合技术攻关[18]，通过研究聚酯酯化、缩聚反应机理和工艺技术，建立了工艺过程和反应器数学模型，开发出整套五釜流程（两段酯化、二段预缩聚、一段终缩聚）的聚酯工程技术；通过对聚酯固相增粘反应动力学、工艺过程模拟以及有关设备的研究，开发成功了聚酯连续固相增粘成套技术。在工艺技术方面，采用低温低压酯化工艺、新型高效浮阀塔分离乙二醇和水的工艺技术、乙二醇蒸汽喷射真空系统技术和乙二醇全回用等工艺技术，使装置运行稳定，并保持低能耗和低原料消耗。在关键设备的设计研制方面也有所创新，酯化反应器采用热动力外循环加机械动力循环反应器，由此形成的物料循环动力足以达到加热物料和保证各部分反应成分浓度均匀的目的，可适当降低反应温度，乙二醇/精对苯二甲酸量比有所降低，乙二醇汽相蒸发量较低，并可明显缩短物料在反应器中的停留时间，反应器出口的酯化率可达 93%，可满足预缩聚的要求；预缩聚阶段，第一预缩聚反应器采用了塔式上流式预缩聚反应器，相当于多个全混釜串联的效果，反应物在反应器中停留时间分布特性好，平均反应速率高、效率高，质量可靠；第二预缩聚反应器采用带回流搅拌的卧式反应器，分担终缩聚反应器的负荷，延长后缩聚真空系统运行周期，并解决了在高真空条件下轴的弯曲扭转变形和盘面上液膜形成问题，确定了影响盘间熔体混合的盘间距、盘上的持液量和传动功率；终缩聚阶段，采用鼠笼型卧式反应器，器内采用大刚度的刮刀框架与网盘外部刚性圈的固接结构，成膜网采用正方形网格结构，安全可靠，成膜效果好。

在此基础上，中国石化和中国纺织工业设计院又开发了三釜流程聚酯技术，实现了国产化聚酯装置的大型化、系列化及柔性化，最大规模已达 200 kt/a，产品质量优异，各项技术经济指标达到国际先进水平。

中国纺织科学研究院开发的塔式聚酯成套技术与装备[36]，与全混聚合釜不同，近似平推流过程。生产装置由外循环酯化、预缩聚、终缩聚三个反应器串联组成。自主开发的双室自动升压外循环酯化反应器、大直径环形流道预缩聚反应器、笼筐式拉膜网盘的终聚釜反应器的使用和创新的热媒加热技术以及能量回收技术，使设备效率高，能耗低，所有反应器和终缩聚密封件均由国内厂家制造，该技术工艺流程短、操作简单、占地面积少、投资少，产品质量优良、消耗低，主要技术经济指标达到国际先进水平，在国内外市场都具有较强的竞争力，已用于多套聚酯装置建设，最大规模为 150 kt/a。

国产化聚酯工程技术的开发成功和技术进步，极大地促进了我国聚酯工业的快速发展，大大降低了聚酯行业的投资成本，使得化纤行业的市场竞争力显著提高，产能跃居世界首位。

3. 冷凝法气相线型聚乙烯技术

气相流化床工艺是生产线型低密度聚乙烯（LLDPE）最广泛使用的工艺，世界新建 LLDPE 装置 70%以上采用气相法工艺。世界气相法聚乙烯工艺中 Unipol 工艺大约占 80%。

气相流化床聚合工艺流程简单，传质速率高，但过程的传热效率低，因此严重限制了单位反应器体积的产能。聚乙烯气相流化床工艺近年来最主要的技术进展是开发了冷凝态和超冷凝态技术。冷凝及超冷凝技术是指在一般的气相法聚乙烯流化床反应技术的基础上，在反应器中增加冷凝液体的蒸发过程，使聚合热由循环气体的显热温升和冷凝液体的蒸发潜热共同带出反应器，从而显著提高反应器时空产率的一项技术。Unipol 聚乙烯技术通过使用冷凝态技术、加大反应器夹带段以下部分的长度等措施扩大了生产能力，反应器的时空产率提高了 30%。在化学工程研究方面，必须解决冷凝液的均匀分布、冷凝态和非冷凝态之间的快速切换以及冷凝工艺的模拟预测和流化质量的监控等关键技术问题。浙江大学等单位提出了冷凝工艺的急冷-闪蒸联合切换技术、导流器的新结构以及流化质量的声发射监控技术[37]。通过分析颗粒和流体在运动过程中发生的声波信号，对气相法聚乙烯流化床的颗粒粒径及其分布、结块预警、露点、催化剂注入、流型、料位等关键参数实现了在线监控，有力支持了国内气相法聚乙烯冷凝工艺的工业应用。目前，中国石油天然气集团公司（以下称中国石油）和中国石化等两大公司的气相法聚乙烯装置均普遍采用了冷凝工艺技术。

利用冷凝工艺技术和超冷凝态技术可使较小规模的 LLDPE 气相法装置高效扩能，也可降低新建装置的投资和成本。

4.聚丙烯专用料（BOPP）关键技术

高速双向拉伸聚丙烯薄膜（BOPP 薄膜）是 20 世纪 60 年代发展起来的新型透明软包装材料，是一种附加值很高的膜料，占聚丙烯总消费量近 10%，是聚丙烯树脂中用量最大的一个品种。由于我国过去国产 BOPP 在拉伸中存在严重的破膜问题，无法满足新一代超高速 BOPP 薄膜生产线对专用料的加工要求，我国过去全部靠进口。复旦大学和北化院研究了等规聚丙烯中可结晶序列在链上和链间的分布，以及链结构的多分散性对结晶形貌和结晶行为的影响等，设计了等规聚丙烯实现高速双向稳定拉伸时的链结构。发现了分子量较大即末端弛豫时间较大，对提高熔体拉伸流动的稳定性有很大的好处，强调了高分子量组分存在的必要性。指出了要获得适合高速拉伸的高熔体强度薄膜级 BOPP 专用料，控制等规度分布非常重要，明确了低分子量组分应有较高的等规度，高分子量组分应有较低的等规度[37-38]。以上的链结构设计在中国石化的多套 BOPP 的工业生产装置上获得了验证和应用，使我国高速 BOPP 专用料的性能达到400 m/min以上，产品质量进入国际同类产品的先进行列。

（六）以替代石油资源为目标的煤化工技术进展良好

1.大型煤气化技术

煤气化技术是发展煤基化学品生产、煤基液体燃料（合成油品、甲醇、二甲醚等）、先进的 IGCC 发电、多联产系统、制氢、燃料电池、直接还原炼铁等过程工业的基础，是这些行业的公共技术、关键技术和龙头技术。已工业化的煤气化技术有以 Lurgi 技术为代表的固定床气化技术、以 HTW 技术为代表的流化床气化技术和以 Texaco、Shell 技术为代表的气流床气化技术。气流床气化炉气化温度高、压力高、负荷大，煤种适应范围广，是目前煤气化技术发展的主流。

为开发具有自主知识产权的大型煤气化技术，华东理工大学、兖矿鲁南化肥厂、中国天辰化学工程公司合作，进行了新型（多喷嘴对置）水煤浆气化炉开发，2000 年完成中试。现已成功用于山东华鲁恒升化工有限公司 300 kt/a 合成氨的气化装置，以及兖矿集团国泰化工有限公司 240 kt/a 甲醇和 80 MW IGCC 发电的气化装置，最大单炉日处理煤量 1 000 t。工业运行表明多喷嘴对置式水煤浆气化装置具有开车方便、操作灵活、负荷增减自如、自动化程度高等优点，整个气化系统运行状况稳定，主要工艺指标与操作灵活性优于引进的水煤浆气化装置[39]。

中科院山西煤化所开发的常压流化床(灰熔聚)氧气/蒸汽鼓风制合成气的工业示范装置也已投入生产运转,加压灰熔聚流化床气化技术的中试装置正在建设之中。国电热工研究院等进行了具有自主知识产权的干煤粉气化工艺的开发,建设了 36 t/d 煤的中试装置,并通过了科技部验收。华东理工大学等已完成国内首套具有自主知识产权的气流床粉煤加压气化装置的中试。

2. 甲醇制低碳烯烃技术(MTO/MTP)

乙烯、丙烯是目前世界上最重要和最大宗的化工产品,长期以来,其生产要消耗大量的石油。由煤或天然气经甲醇制烯烃(MTO/MTP)是目前重要的 C_1 化工技术,是以煤部分替代石油生产乙烯、丙烯等产品的核心技术。近几年来,由于原油价格居高不下,许多国家都加大了该项技术的开发力度,即将步入工业化应用阶段。

MTO 工艺因催化剂积炭易致失活,通常采用流化床反应器,便于反应热及时撤除及催化剂烧焦再生。而 MTP 工艺因催化剂寿命较长,一般采用固定床反应器。

国内对 MTO/MTP 工艺的研究开发已进行多年。从 20 世纪 90 年代起,中科院大连化物所开展了甲醇经二甲醚制烯烃的 DMTO 工艺与工程成套技术的开发[40],完成了机理研究、实验室小试、催化剂制备和中试放大等关键技术开发。2004 年 8 月,洛阳石化工程公司、中科院大连化物所与陕西新兴煤化工科技发展有限责任公司合作,建成了世界首套 10 kt/a 级甲醇制低碳烯烃(DMTO)工业试验装置,2006 年 2 月一次投料获得成功。在甲醇处理量为 50 t/d 时,甲醇转化率接近 100%,低碳烯烃(乙烯+丙烯+丁烯)选择性达 90%以上。该工业性试验完成了具有自主知识产权的新型专用催化剂工业放大、试验装置工程设计、工程技术开发、工业化条件试验等过程的技术开发,取得了专用分子筛合成及催化剂制备、工业化 DMTO 工艺包设计基础条件、工业化装置开停工和运行控制方案等系列技术成果,为建设 DMTO 工业化示范装置提供了技术基础。目前,已申请国内外发明专利 37 项,其中已授权 17 项,装置规模和技术指标处于国际先进水平。

在此次工业试验成功的基础上,陕西榆横工业园区第一阶段将建设甲醇进料规模为 600 kt/a 的工业示范装置,第二阶段将建设进料规模为 2 400 kt/a 工业装置。

DMTO 工业生产技术研发成功拓宽了煤和天然气化工应用领域,为我国基础化工产业的发展开辟了一条崭新的途径,对于减少我国石油进口、维护国家能源安全具有重要意义。

3. 二甲醚技术

二甲醚(DME)不仅是一种绿色化工产品,而且可能成为 21 世纪的一种新型能源,部分替代液化石油气(LPG)及柴油成为新型清洁燃料。国内外都在策划兴建大型装置,以天然气、煤层气、劣质煤为原料生产二甲醚,并将其作为民用燃料液化石油气、车用燃料柴油以及汽油含氧添加剂甲基叔丁基醚(MTBE)的替代品。国外已有建立大型 DME 的报道和年产百万吨的设计技术。我国由于石油的大量缺口和煤化工的快速发展,各地也有建立从几万吨/a 到 80 多万吨/a DME 生产装置计划的报道。由中国中煤能源集团公司、中国石油化工股份有限公司、申能(集团)有限公司、中国银泰投资有限公司和内蒙古满世煤炭集团有限责任公司分别参股32.5%、32.5%、12.5%、12.5%、10%，决定在内蒙古鄂尔多斯市建设3 000 kt/a大型二甲醚装置。

目前，二甲醚生产的主要方法是甲醇气相脱水法。西南化工研究设计院开发的甲醇制二甲醚技术[41]，以粗甲醇为原料，反应器采用多段冷激式固定床反应器和特殊的汽化提馏塔结构和分离工艺，具有生产成本低、催化剂装填量大、易装卸、流程简单、投资少、能耗低、副反应少，且易于大型化等优点，工艺技术国内领先，国际先进。采用该技术建设的二甲醚装置已达28套，最大单线生产能力达到100 kt/a，已具备建设大型二甲醚装置的技术基础。上海石化院开发的甲醇制二甲醚技术，采用列管式固定床反应器，也已工业应用[14]。

通过合成气一步法生产二甲醚技术，采用双功能的复合催化剂，将合成甲醇和甲醇脱水两个反应在一个反应器内完成，进展很快。与甲醇脱水法相比，具有流程短、能耗低等优点，而且可获得较高的单程转化率。合成气一步法制二甲醚工艺开发中有代表性的公司有丹麦托普索(Topspe)公司、美国Air Products和日本NKK公司，采用气液固三相浆态床反应器，已进入中试阶段，不久将可建设工业化装置。国内清华大学、浙江大学、中科院山西煤化所、华东理工大学、西南化工研究院等单位也都致力于合成气一步法制二甲醚的研究，获得了较大进展，CO转化率、二甲醚的选择性达到较高的水平[42]。国内首套采用管壳式反应器的千吨级一步法二甲醚工业示范装置已投入运行。但对于大规模生产装置宜采用浆态床反应器。该反应器是将催化剂碾制成粉末，使它分散于液体中，在反应器中形成气、固、液三相接触反应。其优点在于它的空速高、床层温度分布均匀、温差小、二甲醚时空收率高，适应范围广，CO的选择性高，且在高浓度CO_2存在条件下反应，省去了脱除CO_2过程。同国外相比，我国这方面的工作起步较晚，目前还处于研究阶段。

4. 煤制油(CTL/GTL)技术[39]

全球及我国的能源储备及消费结构表明，能源发展趋势是石油资源越来越少，面临短缺的危险，而天然气、煤储量相对丰富。在我国的能源消费中，石油占16.4%，煤占82%，而天然气仅占1.6%。在一次能源以煤为主而且长期不变的国情下，CO_2、SO_2、NO_x和悬浮颗粒的排放对环境造成很大的压力，无法实现可持续发展的要求。2005年，我国原油净进口已经达到127 Mt，对外依存度为43%，其中58%的进口原油来自中东，需船运经马六甲海峡运抵中国。如果国际形势一旦发生变化，将对我国的能源供给带来威胁，给我国的经济安全、能源安全和国防安全带来隐患。因此，发展以煤、天然气为原料合成气制合成油(CTL/GTL)，能够同时满足环保和液体燃料供应需求，具有重要的战略意义。

煤制油技术有间接液化和直接液化工艺。煤间接液化是煤经气化制合成气、合成气经费托合成制合成油，与天然气经造气、合成气费托合成制合成油基本相同。

煤间接液化工业化的有高温(约300～350 ℃)F-T合成(HTFT)和低温(约220～270 ℃)F-T合成(LTFT)两种。南非Sasol公司的低温F-T合成技术主要包括列管式固定床Arge反应器技术和浆态床反应器技术，主要产品是柴油、煤油和蜡；高温F-T合成技术是Synthol循环流化床(CFB)技术和SAS固定流化床(FFB)技术，主要产品是汽油和轻烯烃，均使用铁催化剂。Shell公司开发的天然气转化制取中间馏分油SMDS

工艺采用列管式固定床反应器和 F-T 合成钴基催化剂，反应温度 200～250 ℃，压力 3.0 MPa～5.0 MPa。埃克森(Exxon)公司、合成油(Syntroleum)公司、Rentech 公司、Intevep公司也有这方面技术开发的报道。

为克服管式固定床反应器结构复杂、价格昂贵、产能小、压降高、温差大影响催化剂积炭和选择性、催化剂因更换频繁而使操作和维修十分困难，萨索尔(Sasol)公司 1993 年成功地设计并运转了浆态床反应器技术。目前，浆态床反应器技术成为国际上竞相开发的先进费托合成反应器技术。

在 20 世纪 80 年代初，我国有些单位恢复了煤基合成油的研究和开发，中科院山西煤化所开发了将传统的费托合成和沸石分子筛相结合的固定床两段合成工艺(简称 MFT)和浆态床-固定床两段合成工艺(简称 SMFT)，建成了 2 kt/a 固定床两段法煤基合成油的工业性试验装置，一段费托合成采用列管式固定床反应器，使用沉淀型铁催化剂，二段采用 ZSM-5 分子筛重整制汽油，一、二段等压操作，尾气循环。工业试验打通了全流程，考核了主要工艺设备和技术经济指标，并产出了合格的 90 号汽油，但生产效率偏低。近期对改进型 Fe-Cu-K 催化剂搅拌釜浆态床反应研究表明，CO 转化率可达到 60%～80%，甲烷选择性低于 4%，C_5^+ 选择性达到 84%以上，且 C_2～C_4 烃中烯烃含量大于 75%，C_5^+ 烃中以柴油馏分段和重质蜡为主，浆态床的时空产率和生产效率远高于固定床反应器。

中科院山西煤化所从 90 年代初开始研究合成气在新型钴基催化剂上的费托合成，最大程度地合成重质烃，以该重质烃为原料通过技术已相当成熟的加氢裂化装置获得柴油、煤油并副产高附加值的润滑油和微晶蜡。目前，催化剂可长期稳定运行、性能接近 Shell 公司 SMDS 工艺钴基催化剂。

中国石化组织石科院和宁波工程公司以及中科院大连化物所进行合成气制油技术的开发，采用钴基催化剂。目前，采用列管式固定床反应器的 GTL 技术正在进行中试研究，浆态床反应器已完成冷模研究。上海石化院也在进行合成气制油技术的研究工作。我国神华集团等单位开发的煤直接液化制油技术，已完成基础性研究，从煤至最终产品的全流程已经打通，正在进行中试研究。目前，完成了神华煤、云南先锋煤和黑龙江依兰煤在国外中试装置上的放大试验以及这三个煤的直接液化示范厂可行性研究。可行性研究结果表明具有较好的经济效益，为建设工业规模的生产厂打下了坚实的基础。

(七)生物化工取得了一批产业化成果

1. 生物质乙醇/乙烯技术

地球上的绿色植物每年产生的碳氢化合物高达 30 Gt 以上，且可在自然环境中降解，因此将生物物质用作化学原料和能源是绿色化学的战略目标，将淀粉及纤维素降解成葡萄糖，再用微生物发酵和(或)酶进行催化，生产出我们所需要的化学物质。

生物化工技术的飞速发展使生物质制乙醇的生产成本大幅度降低，为开发大型乙醇脱水制乙烯技术及装置提供了可能性。目前，生物乙醇，除了采用农作物玉米、木薯等为发酵原料外，作物秸秆也可以用作发酵原料，可望进一步降低乙醇生产成本。生物质乙醇是清洁的可再生资源，我国东北、西北、西南部以及沿海盐碱地适合于种植玉米、甜高粱、木薯、甘蔗等植物，这些地区的很多土地本来不适合水稻、小麦等粮食的种植，基本不存在与粮食争土地的问题，只要管理得当，不会影响我国粮食安全。据专家乐观估计，通过种植农作物，我国可以种出三个绿色“大庆油田”，生物质乙醇生产规模可达千万吨级规模，除了直接用于生产乙醇汽油外，一部分可用于生产乙烯。

生物乙醇属可再生资源，推广使用对节约石油资源、减轻环境污染及促进过剩粮食转化具有十分重要的战略意义。生物乙醇生产过程的高能耗是限制其发展的另一重要因素。天津大学石油化工技术开发中心采用全流程模拟仿真技术及热网络集成技术实现了复杂精馏系统的完全热耦合集成，不仅实现了系统内冷热流股之间的热耦合利用，而且通过合理分配精馏塔的操作压力实现了精馏塔之间的完全热耦合集成，大幅度降低了精馏过程的能量消耗[17]。蒸汽消耗由传统技术的2.25 t蒸汽/t产品降至1.5 t蒸汽/t产品，效益显著。同时完成了“水在3A分子筛上吸附和扩散平衡”的基础研究，及“具有支撑、气体分布与能量贮存多功能内件的大型吸附器”的工程放大工作。在国内首次将分子筛变压吸附脱水生产燃料乙醇技术实现工业化，并建成单套生产能力为500 kt/a的生产装置，是迄今世界上单套规模最大的生产装置。

石油资源的日渐枯竭，使原油价格一直处于高位运行。采用可再生资源生物法制乙醇、生物乙醇脱水制乙烯是部分替代和补充石油乙烯较好的技术路线，是调整资源结构、促进国民经济和社会可持续发展的重要途径之一。

国际上乙醇脱水制乙烯工业化技术主要是多段绝热和等温列管式固定床工艺，流化床工艺仅有中试报道，工业装置主要集中在印度、巴基斯坦、秘鲁，最大规模为印度的64 kt/a装置。

上海石化院开发成功的氧化铝催化剂和等温列管式反应工艺技术，乙醇转化率≥99%，乙烯选择性≥96%，已成功地应用于多个工业装置，规模最大的为中国石化四川维尼纶厂的9 kt/a装置[14]。目前正开展改性氧化铝和分子筛催化剂、多段式绝热床反应器及工艺技术等研究工作，并取得了较好的初步结果。

生物质乙醇制乙烯技术的开发成功，意义十分重大，具有较为广阔的市场，对于保障我国能源安全、促进经济、社会和谐健康快速发展将起到重要的作用。

2. 工业发酵过程的多尺度优化

发酵过程优化与放大分别是充分挖掘现有生产菌株的生产能力，将实验室成果转化为生产力的重要环节。华东理工大学在发酵过程的优化与放大研究过程中，提出了全新的发酵过程多尺度研究的工程学方法，开发了专门用于发酵过程优化与放大研究的生物反应器，以检测表征细胞宏观代谢流特性的各种参数。在此基础上，建立了宏观细胞代谢流检测的方法，应用细胞微观代谢特性与宏观代谢流之间的相关分析方法，完善和建立了工业发酵过程优化和放大理论，这套工程、装备、工艺一体化的研究思路在包括红霉素、金霉素、鸟苷、基因工程疟疾疫苗等在内的十多项产品的工业规模推广中取得成功，极大地提高了生产效率，产生了巨大的经济和社会效益。

3. 微生物法生产丙烯酰胺

以丙烯酰胺为单体合成的聚丙烯酰胺被广泛用于石油开采、造纸、采矿、洗煤、冶金、水处理、制糖、建材和化工等行业，是一种重要的工业原料。与传统的硫酸水合法和铜催化水合法相比，微生物法是通过微生物合成的丙烯腈水合酶水解丙烯腈得到丙烯酰胺，这种生物催化法由于采用了高效率的生物催化剂，无需使用传统方法的高温高压催化条件，降低了能耗，提高了生产过程的安全性，生产工艺也大为简化，得到的丙烯酰胺纯度及转化率都有很大的提高，环境污染少，成本低。这种具有过程高效、反应温和、与环境友好等优点的生物催化技术，是绿色化学与绿色化工发展的重要趋势之一。

生物催化的核心技术是高效率的生物催化剂——酶。为了获得高酶活性的菌株，上海市农药研究所筛选了大量的样本，终于发现了一种高活性的腈水解微生物，以此为基础，经过了几年的努力，解决了大量复杂的技术问题，成功地培育了高产酶量的优良微生物菌种，探索成功了一整套高产、高效的产业化技术路线，为该成果的产业化打下了坚实的基础[17]。先后在江苏、河北、山东、北京建成了 1 500～2 000 t/a 的工业化生产线四条，在我国首次成功地建成了利用生物催化技术生产大宗化工原料的生产装置。生产运转表明，微生物法生产丙烯酰胺的技术达到国际先进水平。目前该技术已被用于建立万吨级的生产装置。国内共有十多家丙烯酰胺生产企业，全部采用微生物法，总产能约 350 kt/a，实际产量超过 200 kt/a。

4. 生物法生产 1,3-丙二醇(PDO)

1,3-丙二醇与对苯二甲酸都是合成聚对苯二甲酸丙二醇酯(PTT)的原料。因 PTT 性能优良，是目前公认最好的传统聚酯升级换代品，由此 1,3-PDO 的产业化得到重视。

相对于化学合成，利用廉价的可再生资源，通过微生物发酵生产 1,3-PDO，将成为大规模生产 PTT 的希望所在。

在欧洲，以甘油为原料的天然菌种发酵工艺已研究多年，其代表为德国生物工程研究中心，但目前还没有工业化的装置投产。2002 年美国杜邦公司报道了以大肠杆菌为宿主构建了一株直接利用葡萄糖为原料生产 1,3-PDO 的菌株，发酵结束 1,3-PDO 浓度达 135 g/L，生产强度为 3.5 g/(L・h)，该工作被评为美国年度绿色化学奖。2004 年杜邦和 Tate&Lyle 合作，建设商业化的生产装置，设计生产规模为 45 kt/a。

我国生物法 PDO 的研究始于 20 世纪 90 年代末。清华大学、大连理工大学、山东大学、华东理工大学和江南大学等科研单位开展了以甘油为原料天然菌种发酵工艺的研究，生物法制备 1,3-PDO 也被列入国家“十五”科技攻关计划。目前已取得了一系列成果，以甘油为原料，发酵水平达到 70～80 g/L，发酵生产强度超过 2 g/(L・h)，对甘油摩尔转化率也超过 60%，处于国际领先水平。以甘油为原料采用二步发酵法生产 PDO，拥有完全自主的知识产权。天冠集团与清华大学等部门联合攻关的发酵法生产 1,3-丙二醇技术，在 2006 年 7 月通过教育部组织的成果鉴定后，又成功进行了 500 t/a 规模的工业性试验，为微生物法发酵生产 1,3-丙二醇的工业化提供了经济可行的工艺路线。“十一五”期间计划建成万吨级的 1,3-PDO 生物合成装置。有关构建直接利用葡萄糖合成 1,3-PDO 基因工程菌的研究工作，国内也已开展，预计在不久的将来也将会有所突破。

五、国民经济和社会发展需要化学工程学科解决的若干重大科学与技术问题

我国国民经济的持续、高速发展，人口的增长及老龄化，对我国资源、环境、安全带来了相当大的压力。化学工程学科的发展必须紧紧围绕国民经济的发展，解决国民经济发展面临的一些迫切需要解决的重大科学与技术问题。

（一）新工艺路线

1.低附加值资源的综合利用

我国国民经济的快速发展，已带来资源、能源消费的快速增长，资源、能源短缺的矛盾日益突出，2005 年我国石油对外依存度达 43%，在石油资源严重短缺的同时，我国石油和化学工业废弃物排放惊人。全行业年排放工业废水 3 Gt，工业废气 1.4×10^{13} m^3，工业固体废弃物 84 Mt[43]，炼油和石化行业的工业副产利用精细化程度不高、利用率低，大部分仅作为燃料，浪费了宝贵的石油资源、影响了企业的经济效益。

在炼油和乙烯装置中，乙烯、丙烯、丁二烯和异丁烯已用作化工原料，但除催化裂化干气的部分乙烯已被利用之外，尚有相当量 C_4/C_5 资源未被充分利用。应开发和推广 C_4/C_5 烯烃物料转化成 C_2/C_3 烯烃的技术，采用投资费用较低的固定床反应器和抗毒性强的 ZSM-5 催化剂，最大程度增产乙烯、丙烯，增加 C_4/C_5 烃的附加值。

我国丙烷资源没有利用，仅作为燃料。国外丙烷脱氢制丙烯技术比较成熟，丙烷氨氧化制丙烯腈技术工业试验已成功，将建工业装置[44]。我国在这方面仅处于实验室研究阶段，离工业开发尚有一定距离，应加快开发速度。

轻烃芳构化是利用价廉的轻烃组分生产芳烃的工艺，国内外都进行了大量的研究开发工作，国外一些技术已经进入到了工业应用试验阶段，国内也在轻烃芳构化方面开展一些研究工作[45]。其中江苏丹阳和山东东明已建成 10 kt/a 级的生产装置。

乙烯装置的裂解汽油中约含 4%的苯乙烯，一个 1 000 kt/a 的乙烯装置，潜在的苯乙烯产量约为 26 kt～32 kt。在我国乙烯装置技术路线中，裂解汽油通过一段、二段加氢，将其中的苯乙烯加氢生成乙苯，乙苯作为 C_8 馏分的组分之一，从中被分离出来，送往二甲苯分离装置和异构化装置，转化成对二甲苯，不仅流程长，能耗、物耗、装置投资增加，而且将高价值的苯乙烯降格为相对低价值的对二甲苯。国外已经开发成功用萃取精馏的方法从裂解汽油中回收苯乙烯，取得了较好的经济效益，正在工业推广中。我国在这一领域的研究仅处于小试阶段，差距明显。

重质芳烃主要用作燃料或高沸点溶剂油，存在用途少、价格低廉的问题，会造成资源损失。对于处理 C_9^+ 重芳烃的技术，即直接将 $C_9{}^+$ 芳烃转化为苯、甲苯和二甲苯(BTX)，该技术如开发成功，可以成为处理重芳烃的一种新途径。目前，国内外正在进行催化加氢脱烷基与烷基转移制 BTX 技术的开发，与热加氢脱烷基相比，其优点在于反应温度相对较低，苯、甲苯、二甲苯和乙苯收率高，氢耗低且基本上不生成重组分，并可以通过反应温度调节二甲苯、甲苯及苯的相对比例。

2. 原料替代型新工艺技术

伴随世界经济的发展，石油消费日益增加，未来有机原料生产新技术将继续以低投资和低成本为目标，向更经济、更适用、原料来源更灵活的方向发展，替代原料的研究引起了各大公司的关注。以天然气或煤为原料生产油品和石化产品已进行了大量研究开发工作，部分技术进入工业应用阶段。其中以天然气或煤为原料，经气化制合成气、合成气经费托合成生产油品的技术(GTL/CTL)开发备受重视。以 Sasol 公司和 Shell 公司为代表，分别开发的以列管式固定床反应器、流化床反应器和浆态床反应器为核心的GTL/CTL工艺，比较成熟。卡塔尔已与几家石油公司签订了建设大型 GTL 装置的协议，将成为世界 GTL 生产基地。我国在这一领域的研究也取得了一些进展，以列管式固定床反应器和浆态床反应器为代表的 GTL 工艺已处于中试阶段。

以天然气或煤为原料经合成气路线制取甲醇，再由甲醇制取低碳烯烃(MTO)、丙烯(MTP)等技术开发异常活跃。这些技术的工业实施将对天然气、煤的化工利用起到积极的推动作用。

可以预计，以下合成气技术具有良好的工业化前景：合成气直接合成甲酸甲酯、合成气直接制乙醇、合成气直接制乙二醇、合成气直接制低碳烯烃。

由合成气制甲醇，通过甲醇进一步制取下游化合物，是当前天然气或煤为原料化工利用的主要途径，如甲醛、二甲醚、醋酸、醋酐、甲酸、甲酸甲酯、碳酸二甲酯、甲胺(DMF)等，尚处于研究阶段的有甲醇制乙醇、醋酸乙烯、乙醛等。

3. 环境友好新化工技术

降低资源消耗和环境污染，加强环境保护，实现经济、社会和环境的协调可持续发展，已成为新世纪化学工业及相关产业的必然选择，“绿色化、清洁化”成为全球化学工业及相关产业追求的目标。主要表现为：开发以“原子经济性”为基本原则的新化学反应过程，使用无毒、无害的原料、反应介质、催化剂和绿色新材料，加强有关的新技术、新反应、新配体及催化剂的研究，从源头控制和削减污染物的产生；改革现有工艺过程，开发绿色技术，减少废物排放，实现从原料供应、生产加工到终端消费全过程的清洁化；加强废物回收和副产品的循环利用，发展循环经济，达到废物处理的“减量化”和“无害化”，实现废物和副产品的综合利用；生产环境友好产品，尤其是清洁运输燃料、可降解合成材料等绿色产品，延长产品的生命周期；加大节能、节油、节水等技术的开发力度，不断提供节能、节油的新产品，提高资源利用效率等。

(二)系统集成与创新

1. 成套技术的系统集成与创新

经过多年持续的联合攻关，我国石油和化学工业的成套技术开发取得了可喜进展，个别领域取得了原创性成果和领先技术。但从总体上看，创新程度不高，原始创新能力及技术集成创新能力不足，工程化能力差，成套技术的开发能力比较弱，难以形成核心竞争力，基础性研究和共性技术开发工作薄弱，石油化工特别是化学工业的发展，主要依赖引进技术，拥有自主开发的核心技术不多，影响了行业整体技术水平的提高。

2. 以产品规模生产为目标的产品链系统集成

提高产业集中度，扩大企业规模，提高装置能力，延伸核心产品的上下游产业群，集中解决我国石油和化工产业集聚度低、装置规模不经济的问题。石油和化学工业作为流程工业，原料和产品是互供的关系，上游装置的产品或废弃物，可能是下游装置的原料。因此，要加强以核心产业为基础的产品链化工集聚群建设，尤其是以生产、环境、自然与人和谐发展的新型化工生态园区建设，发挥化工园区在促进循环经济发展、实现资源的综合利用和优化配置方面的示范作用。通过加强技术进步，提高对化工园区工业废弃物的回收利用效率，积极探索“资源—产品—废弃物—再生资源”的产业链。

3. 以效益和资源配置优化为目标的炼化一体化系统工程

炼油化工一体化的核心是工厂主流程和总体布局的整体优化，把炼油和化工的发展从规划、设计开始就有机地啮合在一起可以取得最大的效果，降低生产成本。炼化一体化系统工程通过总流程优化、原料的优化、副产品综合利用的优化、产品结构和质量的优化、储运流程和设施的优化、公用工程的优化、信息一体化，可以达到：烯烃、芳烃和氢气高度综合利用，节省大量原料和产品的运费，降低各种固定费用，节省投资，尤其是储运系统的投资（约占总投资10%～15%），节约能源（主要是气、电等公用工程）。

以炼油工业为龙头，可形成三条主要的产业链：炼油—能源产业链（汽油、煤油、柴油和燃料油）；炼油—乙烯—轻烯烃衍生物产业链；炼油—芳烃—聚酯及下游衍生物产业链。必须按照系统工程的观点，同时考虑多条油化产业链的需求，对炼油、石化产业资源进行整体集成和优化，才能做到资源利用的最佳化和最优化，真正实现油化结合，达到“宜油则油，宜烯则烯，宜芳则芳”，提高炼油化工企业的整体效益。

（三）放大技术

当把一个全新的化学过程，或一个经部分改变过的化学过程，从实验室规模放大到工业生产规模时，往往会遇到一些未曾预料的问题。这些问题可能属于化学方面，或物理方面，或兼有两方面，如杂质的影响、放大效应、设备型式及材质、控制与安全等。成功地完成从实验室规模到工业生产的开发过程，一般要经历实验室研究阶段、中间试验阶段、半工业化试验阶段、工业设计和施工（工业应用）阶段。中间试验、半工业化试验有时可能是一个中间试验，也可能是多个不同规模的中间试验。

中间试验阶段是建成工业规模装置之前人力、物力、时间耗费最大的阶段，也是过渡到工业化的关键阶段。其目的是验证工艺流程和工艺条件，解决工业化中不能单纯通过计算解决的工程问题。因此如何减少放大层次，增大放大倍数和缩短开发周期，乃是研究与开发者的共同目标。

为缩短技术开发周期、减少科研投入，采用数学模拟放大法是今后发展的方向。目前，流程模拟技术在化工技术开发中已得到较普遍应用，流体力学模拟技术在装备开发中已开始得到应用。如何利用分子模拟技术，在必要的小试实验基础上，结合流程模拟技术和流体力学模拟技术进行化工技术开发，减少甚至取消中试环节，是今后需要关注的重要研究方向之一。

此外，随着微化工技术的发展，用费用低廉、建设周期短、可重复利用的微型中间装置替代大型中间装置，或直接用微型中间装置集合组装成规模工厂，也引起了化工界的广泛关注。

（四）过程强化

化工过程强化则强调在生产能力不变的情况下，在生产和加工过程中运用新技术和设备，极大地减小设备体积、缩短流程或者极大地提高设备的生产能力，显著地提升能量效率，大量地减少废物排放。化工过程强化目前已成为实现化工过程的高效、安全、环境友好、密集生产，推动社会和经济可持续发展的新兴技术，美、德等发达国家已将化工过程强化列为当前化学工程优先发展的三大领域之一。

1. 微化工技术

微化工技术是20世纪90年代初顺应可持续发展与高技术发展的需要而兴起的多学科交叉的科技前沿领域，集微机电系统设计思想和化学化工基本原理于一体，并移植集成电路和微传感器制造技术的一种高新技术，涉及化学、材料、物理、化工、机械、电子、控制学等各种工程技术和学科。微化学工程着重研究微时空特征尺度内的化工微型设备和并行分布系统的设计、模拟、生产和应用等过程的基本特征和规律。与传统化工设备相比，微化工设备具有高传递速率（传热、传质速率较常规尺度化工设备提高1～3个数量级）、易于直接放大（模块结构、并行放大）、设备安全性高、易于控制、适应面广等优点，可实现过程连续和高度集成、分散与柔性生产。由于微反应技术具有强的传热和传质能力，可大幅度提高反应过程中的资源和能量的利用效率，缩小过程系统的体积或提高单位体积的生产能力，实现化工过程强化、微型化和绿色化。微化工技术的发展将是对现有化工技术和设备制造的重大突破，也将会对化学化工领域产生相当的影响。

微化工技术已有20年的历史，国外发达国家如美国、德国、英国、法国、日本等重要的研究机构、高校以及许多大化工公司（如DuPont、Bayer、BASF、UOP等）相继开展了微化学工程与技术的研究。我国起步较晚，中科院大连化物所、清华大学、华东理工大学等单位于近年内先后开展了微化学工程领域的基础与应用研究，在化工过程强化与化工设备微型化等方面取得了具有国际影响的一些成果。经过5年多发展，已经形成了集微加工技术平台、微化学工程与技术的基础研究及应用开发于一体的完整的研发体系。在微通道换热器和微通道反应器的设计、制造、封装以及传递和反应（如微型氢源系统、微混合系统等）等方面做了大量卓有成效的研究，为微化工系统的设计、工程放大等提供坚实的基础。

2. 过程耦合

化工过程强化的另一发展趋势是化学科学和工程研究大大促进了诸如催化精馏、反应萃取、化学吸收、络合吸附、电泳萃取和渗透汽化等耦合过程的发展。这些新型耦合技术综合了多种技术的优点，具有独特的优势。

把精馏、萃取精馏和反应精馏等过程耦合在一个塔中生产乙酸甲酯，可大大简化了流程，减少了设备数目，降低生产成本。采用催化精馏新技术生产MTBE，成倍地提高了处理能力。耦合分离技术还可以解决许多传统的分离技术难以完成的任务,因而在生物工程、制药和新材料等高新技术领域有着广阔的应用前景。采用吸附树脂和有机络合剂的络合吸附具有分离效率高和解析再生容易的特点。电动耦合色谱可高效地分离维生素。CO_2超临界萃取和纳米过滤耦合可提取贵重的天然产品等。由于耦合技术往往比较复杂,设计放大比较困难,因此也推动了化工数学模型和设计方法的研究。

(五)节能与节水

1.节能

我国能源供需矛盾尖锐,结构不合理,一次能源消费以煤为主,对环境带来严重危害,石油等油气资源对外依存度高达43%以上,已严重影响我国的能源安全。

与能源资源不足相比,我国能源利用效率低,浪费严重。目前我国每百万美元产值能耗是世界平均水平的3.1倍,是OECD(经济合作发展组织)国家和地区的4.3倍,更是日本的9倍,电力、钢铁、有色、石化、建材、化工、轻工、纺织8个行业主要产品单位能耗平均比国际先进水平高43%以上,主要耗能设备的能源效率比国际先进水平低5~20个百分点。能源利用中间环节(加工、转换和贮运)损失量大,浪费严重。

我国能源利用效率与国外的差距表明,节能潜力巨大。中国已经确立石油和化学工业"十一五"期间的节能目标,即万元GDP能耗比2005年降低15%~20%。这一目标将使高耗能产业的比例大幅下降,并建成一批符合循环经济发展要求的资源节约型、环境友好型先进企业和化工园区。

要提高能源效率,缩小与国际先进水平之间的差距,必须依靠科技进步,不断增强自主创新能力。据统计,技术进步对节能贡献率达到40%~60%。"十一五"期间,石油和化工行业要推出"余热余压利用工程"、"节约和替代石油工程"、"电机系统节能工程"和"能量系统优化(系统节能)工程"。另外,要通过延伸产业链、增加加工深度,提高产品的精细化率,扩大高端产品的比例;对氮肥、纯碱、烧碱、电石、黄磷等高能耗行业,要通过结构调整、技术改造、企业整合和产品延伸,提高经济规模,降低能源消耗。

高效率的传热设备、反应与精馏耦合、精馏的分壁塔、膜分离等技术的开发与应用,将能有效降低过程工业的能耗。

2.节水

我国水资源严重不足,人均只有世界平均水平的1/3,北方地区不到世界人均值的1/8。目前全国正常年份缺水量近400亿m^3,全国660多座城市中有400多座城市缺水,18个主要沿海城市有14个缺水。世界银行曾测算,中国每年干旱缺水造成的经济损失约为350亿美元。据预测,我国人口在2030年左右将达到峰值16亿,如果不采取有力措施,我国有可能在未来出现严重的水危机。

与水资源短缺的现实相比,我国水资源利用方式粗放,用水效率不高,2003年我国万元GDP用水量是世界平均水平的4倍,工业万元增加值用水量是发达国家的5~10倍,水的重复利用率为50%,发达国家已达85%,节水潜力巨大。

水污染严重更加剧了水资源短缺。中国目前江河湖泊有70%被污染,75%的湖泊出现不同程度的富营养化,90%流经城市的河段受到严重污染。工业废水和生活污水是水污染的主要原因。

过程工业节水措施是采用清洁生产工艺、无水或降水比工艺、节能工艺及水的串级使用和多次循环利用。

要有效解决这些国民经济和社会发展所面临的问题，化学工程学科应关注以下领域的发展：以催化为先导的原子经济反应；时空多尺度理论；活性位可控的新型催化材料；强化差别的新型质量分离剂和能量分离剂；高效生物催化剂；生物可降价环境友好产品技术；微化工技术；系统工程与信息技术；分子设计与分子模拟及与流体力学模拟、流程模拟的结合；生态演变模型。

六、发展的目标、前景展望和研究方向建议

（一）化学工程学科发展目标

未来 5～20 年内，我国化学工程学科发展的目标是：以满足我国国民经济持续高速发展所需的科学技术为核心，以构建和谐社会所需的系统要求为目的，重点发展面向产品工程的时空多尺度体系；通过强化智能操作和建立过程控制的通用方法提高选择性和生产率；基于科学原理，开发新型过程强化生产方法设计新颖的设备；通过计算机化工模拟和生产过程模拟，实现过程工艺技术和设备的放大。

可以预见，随着化学工程学科的不断进步和发展，必将带动和促进化学工业的进一步发展。学科进步与产业发展互相推动，将使化学工业能够更好地满足国民经济建设和人民生活水平不断提高的需要。随着化学工程学科与其他学科之间的交叉和渗透不断加强，以“三传一反”为核心的化学工程理论体系将会进一步得到拓展，并有可能构建起新的理论体系分支。同时，我国的化工人才队伍也将在学科进步和产业发展的过程中得到进一步的锻炼并逐渐壮大，进一步推动学科进步和产业发展，使我国化学工程学科和化学工业的整体水平进一步提高，整体步入世界先进行列。

“十一五”期间乃至今后一段时期，我国化学工业需重点攻克以下重大共性、关键技术。

1. 新型催化与反应工程技术

催化技术始终是化学工业中最重要的关键共性技术之一。我国催化技术与国外相比尚有一定差距。“十一五”将重点发展以催化新材料为核心的新型固体酸/碱催化技术、多功能催化技术、碳一化工催化技术（MTO、MTP、煤液化技术）、高分子聚合物催化技术、纳米催化技术、生物催化技术、光催化技术、相转移催化技术、膜催化技术、超临界化学反应技术等。

2. 温室气体与废水减排及综合利用

虽然我国要在 2012 年后承担《京都议定书》规定的承担温室气体减排的要求，但温室气体的排放及水污染是全世界共同面对的问题，目前已造成冰川融化、海平面上升、自然生态退化、自然灾害频发，直接威胁着部分地域人类的生存发展。因此，应高度重视绿色生产技术、节能技术等各种减少温室气体和废水排放的技术开发。同时，温室气体，如硫

化物、氮化物、二氧化碳，以及废水也是一种资源，应开发资源化利用技术和废水在系统内的循环、串接利用技术。

3. 生物质的化工利用

我国生物化工技术从20世纪50年代初开始起步，至今已取得一批产业化的成果，但总体上与工业发达国家相比存在较大差距。

今后重点开发将植物纤维、动物脂肪、生活垃圾等生物质转化为化学原料、燃料或产品；基因重组技术为核心的高效生物催化剂的构建，代谢调控技术为核心的先进发酵工艺的优化，多尺度分析与控制为核心的生物反应器的设计，以及新型高效节能的生物分离技术。重点开发的产品有：生物能源、生物材料、有机酸、氨基酸、功能食品添加剂等。

4. 低附加值可再生资源的综合利用

我国目前的经济增长方式主要是以消耗资源为代价、生产低端产品的粗放型经济增长方式，资源利用效率低下，工业废弃物多，浪费惊人，承受资源、环境的双重压力。我国在低附加值资源，特别是可再生资源的综合利用方面，与发达国家有不小的差距，产品附加值低。今后应开发资源利用精细化技术，产品开发应实现高端化，搞好低碳烷烃、渣油和焦油、重芳烃等资源综合利用，实现废弃物资源化、减量化和无害化，加强各种废旧物资等再生资源的回收与循环利用

5. 过程强化技术

近年来，我国化工过程强化的研究和应用取得了一些进展，但相对于发达国家，我国化工过程强化的研究和实践尚有差距。过程强化不仅可以大幅度降低设备投资及装置的安全性，还可以达到节能、环保的目的。在过程耦合技术方面，重点开发反应—精馏、反应—反应、反应—结晶等过程的耦合技术，以及相应的新型功能反应器，可使反应的实际转化率突破平衡转化率的限制，达到物质纯化的目的；在微化工方面，重点开发微换热器、微混合器和微反应器；在分离与节能方面，重点开发膜分离过程、膜催化与分离相结合的膜技术、各种组合分离技术、高效传热设备、热泵精馏技术、分壁塔技术等。

6. 清洁生产技术与节能技术

高能耗、高污染仍然是制约我国化学工业发展的“瓶颈”，发展循环经济、建立节约型工业是当前我国化学工业的重点任务之一。“十一五”优先发展大宗化工产品及精细化学品清洁生产技术，高浓度难降解有机废水处理技术，固体废弃物的资源化技术，工业尾气的净化回收技术；在节能方面重点开发和推广高效燃烧技术、高效蒸发和喷雾干燥技术、蒸汽冷凝水回收技术、热管技术、热泵技术等。

7. 煤化工与石油化工一体化技术

我国是多煤少油的国家，资源总体缺乏，未来石油对外依存度将不断上升，开发以煤、渣油或石油焦为原料、以煤气化为核心的多联产能源化工系统，是应对国际油价不断上涨、解决国家能源安全和可持续发展的一条有效途径。“十一五”乃至今后一段时间，应开发以煤气化为核心、多联产为目标的多层次煤化工技术：以低碳烯烃和有机化学品为目的产物的煤化工技术，以清洁燃料为目的产物的合成油和二甲醚技术，以煤化工和石油化工

实现原料互供的一体化技术。

8. 以产业链为核心的系统工程技术

石油和化学工业作为流程工业，原料和产品是互供的关系，上游装置的产品或废弃物，可能是下游装置的原料，每种产品的生产或原料的利用有多种技术路线。因此，应加强用系统工程技术研究以核心产业为基础的产品链化工集聚群建设，促进循环经济发展、实现资源的综合利用和优化配置，达到效益的最大化。

9. 化工装置/产品安全、检测评价体系

化学工业是高风险行业，所处理的大都是易燃易爆、有毒有害物质，偶然的事故将对生命财产和环境安全带来严重的影响。建立一种能有效检测、分析、诊断、评估化工装置及各种矿井、油气工程等工艺、设备、控制可靠、安全程度的技术手段，可以指导企业进行基于装置状态的预测、预警、预知性维修，建立化学品贮运、使用和遗弃等过程中的风险评估技术系统，用科学的方法从根本上解决安全隐患和对环境的影响。

10. 大型化工装备先进制造技术

我国化工装备经过多年的努力，取得重大技术成果。但同国外相比，我国化工装备还有不少差距，主要是化工生产技术进步与设备技术开发脱节，重大设备的软件技术开发差距较大，设备技术开发跟不上工艺技术发展的速度，基本上停留在模仿开发的阶段，开发具有自主知识产权的专有技术的能力弱，设备开发还不能做到专业化、系列化，设备设计和制造水平、设备质量和可靠性还有待进一步提高。随着化工工艺的进步和发展，对化工装备提出了更高要求，必须加大装备的开发力度，掌握装备的核心技术，形成一批具有自主知识产权的装备，做到性能先进、质量可靠、高效节能、经济安全，才能满足化学工业的发展需求。

(二)学科研究及发展建议

为加快技术开发的进度，推动化学工程学科的发展，在科研管理模式上建议采取以下措施。

1. 对重大项目实行多学科、跨行业联合攻关，争取在关键领域实现跨越式发展

国家中长期科技工作的指导方针是：自主创新，重点跨越，支撑发展，引领未来。重点跨越，就是坚持有所为、有所不为，选择具有一定基础和优势、关系国计民生和国家安全的关键领域，集中多学科、各行业力量，重点突破，实现跨越式发展。历史上，我国以“两弹一星”、载人航天、杂交水稻等为代表的若干重大项目的实施，对整体提升综合国力起到了至关重要的作用。美国、欧洲、日本、韩国等都把围绕国家目标组织实施重大专项计划作为提高国家竞争力的重要措施。

围绕《国家中长期科学和技术发展规划纲要》的要求，进一步突出重点，筛选出若干能形成具有核心自主知识产权、对企业自主创新能力的提高具有重大推动作用的重大前瞻性技术和对产业竞争力整体提升具有全局性影响、带动性强的关键共性技术或重大工程作为重大专项，如新材料技术、新能源化工、生态环境治理与保护技术、节能技术、生物化工技术、先进装备业制造技术等重点领域，充分发挥我国的制度优势，积极开展集成创新，

整合科技资源，开展联合攻关，大力促进各种相关技术的有机融合，实现关键技术的突破和集成创新。加强引进技术的消化、吸收和再创新，探索加强引进技术消化、吸收、再创新的有效途径，以较低的成本、较快的速度跟踪、引进和消化世界一流技术，尽快掌握一批具有国际竞争力的重点先进技术。集中力量办大事，对重大项目实行联合攻关，争取若干重大关键技术取得突破，实现跨越式发展，并填补国家战略空白。

2. 加强产业界、学术界、工程界的有效结合，进行国际化合作，加快技术开发进度

当今社会经济发展的科技化、国际化和高度专业化趋势，使企业从事科技开发活动需要与外界进行大量的技术、人才、信息、资金和物质交换。产学研合作是科研、教育、生产不同社会分工在功能与资源优势上的协同与集成化，是技术创新上、中、下游的对接与耦合，符合社会生产力发展和技术创新规律，具有很好的技术创新机制，是优化企业科技行为的有效实现形式和途径。在产学研科技创新体系中，企业特别是国有大中型企业是核心，而高等院校、科研机构在科研、成果、育人、信息等方面有着明显优势，应鼓励企业积极与国内外著名科研院所、高等院校建立长效合作机制，联合共建重点试验室、中试基地、博士后工作站和高新技术产业化基地。在技术创新的新形势下，企业与高校和科研机构应重新调整自己的战略定位，理顺关系，取长补短，三者之间的相互结合的创新模式正日益促进着科技与经济的发展，加快技术开发进度。

3. 企业应加大科研投入，成为技术开发和转化的主体

把科技成果转化为生产力最终还要依靠企业，国际上有 6 万多家跨国企业，控制了世界技术转移的 90%和投资的 80%。但在我国，长期以来科技活动主要集中在科研院所，政府的科技拨款 90%以上给了科研院所和高等院校，而企业的科研投入不足，大部分中小企业的技术创新能力比较薄弱，生产所需的技术和产品仍以引进、模仿为主，缺乏具有自主知识产权的高新技术、核心技术，大多数产品属于低水平、低附加值、高能耗的产品，产业技术创新能力不足。为此，我国已在国家层面上强调了要使企业成为研究开发投入的主体、技术创新活动的主体和创新成果应用的主体，全面提高企业的自主创新能力，建立企业为主体、产学研结合的技术创新体系，全面推进中国特色国家创新体系建设，大幅度提高国家自主创新能力，硬性规定“十一五”期间财政科技投入增幅要明显高于财政经常性收入增幅，并对企业的科研投入给予税收、金融的支持，鼓励中小企业自主创新。要引导和支持大型骨干企业加大科研投入，加强以企业为主体的技术创新能力建设，建立工程技术研究中心、企业技术中心，开展战略性关键技术和重大装备的研究开发，建立具有国际先进水平的技术创新平台。

4. 对节能、环保产业及技术开发，国家在政策上应有所倾斜

能源安全、环境形势是我国目前面临的最为迫切的任务，而我国粗放式的经济增长方式，产业界更重视产品产量的增加，对节能、环保相对重视不够，对节能、环保的投入相对不足，特别是对企业来说，环保是只投入而几乎没有产出，环保投资意愿不强。为改变这一局面，建议国家在节能、环保技术开发方面增加科研投入，开发实用、有效的节能技术和环保技术，对企业在节能、环保方面的技术开发投入要有一定的鼓励措施，对企业的“三

废”排放应采取收费政策，加强环保执法力度。对从事节能、环保技术开发的企业在税收、政策导向上有一定的优惠措施。

5. 重视人才培养，促进人才交流

增强自主创新能力，关键在人才，尤其在创新型科技人才。要努力培养科技将帅人才，引领科技创新。国际一流的科技尖子人才、国际级科学大师、科技领军人物，可以带出高水平的创新型科技人才和团队，可以创造世界领先的重大科技成就。要加强重点学科、重点实验室建设和重大项目(课题)实施，培养一批拔尖人才和科技新秀。要坚持在公平竞争中识别人才、发现人才、培育人才，摒弃论资排辈、攀比学历等陋习。完善以按劳分配为主体、多种分配方式并存的分配制度，探索科技人员从成果转化、科技服务和咨询收益中提成的激励机制。崇尚科学精神，培育创新文化，摒弃心浮气躁、急功近利的不良风气，创造有利于人才辈出的良好环境。

参考文献

[1] 中国石油和化学工业协会. 中国石油和化学工业“十五”回眸. 中国石油和化工经济分析，2006(4)：4-9.

[2] 顾宗勃. 我国化学工业“十一五”发展思路. 化工技术经济，2006，24(5)：1-10.

[3] 曹湘洪. 我国石油化工产业面临的资源瓶颈、环境压力及对策//曹湘洪，等，编. 中国工程院化工、冶金与材料工程学部第五届学术会议论文集. 北京：中国石化出版社，2005：5-15.

[4] 乔映宾. 多元化替代石油能源的技术发展及趋势. 当代石油石化，2006，14(9)：1-6.

[5] 马嘉，秦齐先. 石油替代品的生产技术进展和经济性. 化工技术经济，2006，24(7)：34-39.

[6] 白颐. 我国“十一五”期间石化和化工行业热点领域形势分析. 化工技术经济，2005，23(12)：1-6，13.

[7] 李晓华. 化学工业“十五”发展回顾与“十一五”展望. 化工技术经济，2006，24(8)：1-9.

[8] 刘一凡. 我国实现“十一五”能耗目标任重道远. 中国化工信息，2006(37)：A4-A5.

[9] 陈清如. 中国洁净煤战略思考//2005 年中国煤炭加工与综合利用技术、市场、产业化发展战略研讨会论文集.《煤化工》编辑部，2005：59-62.

[10] 匡距平. 我国化学工业可持续发展现状与对策. 高科技与产业，2004(5)：45-49.

[11] 国家海洋局. 2004 年中国海洋环境质量公报. 2005-01.

[12] 宗保宁. 非晶态合金催化剂和磁稳定床反应工艺的创新与集成. 石油学报(石油加工)，2006，22(2)：1-6.

[13] 程立泉. 己内酰胺生产技术概述. 化工进展，2005，24(5)：565-567.

[14] 中国石化上海石油化工研究院内部技术资料.

[15] 谢在库. 多孔催化材料创新及其在基本有机化学品合成中的应用//中国化工学会 2005 年石油化工学术年会论文集. 石油化工，2005，34(增刊)：23～27.

[16] 张晓昕，郝小明，何鸣元. 石油炼制和基本有机化学品合成的绿色化学研究//中国基础科学.[出版者不详]，2006：32-37.

[17] 清华大学. 萃取分离工程最新进展.[出版者不详]，2006.

[18] 王基铭，袁晴棠主编. 石油化工技术进展. 北京：中国石化出版社，2002.

[19] 钱伯章. 抽提蒸馏分离芳烃新工艺打破国外垄断. 天然气与石油，2006(2)：54.

[20] 王辉国,王德华等. 国产 RAX-2000A 型对二甲苯吸附剂小型模拟移动床实验. 石油化工,2005,34(9):850-854.
[21] 尹起浩,邵光鹏. 国产芳烃吸附剂打破国外技术垄断格局[EB/OL]. 中国石化新闻网(2004-12-11).
[22] 中国石化建设工程公司内部技术资料.
[23] 钱锋. 化工系统工程的现状与发展. [出版者不详],2006.
[24] 齐鲁石化公司 20 万吨/年乙苯/苯乙烯装置成套技术开发签定材料. 2005.
[25] 李希. 对苯二甲酸国产化新工艺与成套技术. [出版者不详],2006-09-23.
[26] 张敏华. 树脂法双酚 A 成套技术在化学工程领域的突破与进展. [出版者不详],2006.
[27] 国家发改委高技术产业司. "十五"我国石油和化工行业产业技术的发展显著. 2006-09-28.
[28] 我国渣油加氢处理成套技术达到国际先进水平. 科技日报,2000-02-28.
[29] 楼韧,任筱娴等. JW 甲醇合成塔在大型装置中的应用. 天然气化工(C1 化学与化工),2005,30(1):38-41.
[30] 大型高效搅拌槽/反应器的研究开发及工业应用签定材料. 2004-07-12.
[31] 张敏华. 化学分离工程学科进展研究. [出版者不详],2006.
[32] 王天普主编. 石油化工清洁生产与环境保护技术进展. 北京:中国石化出版社,2006.
[33] 钱伯章. 苯和乙烯液相烷基化生产乙苯成套技术开发. 石化技术与应用,2004(22):214.
[34] 马玉. 异丙苯清洁生产成套技术研发及工业应用成功. 科技日报,2006-02-09.
[35] 石研. 中国汽车注入绿色动力——中国石化石油化工科学研究院的清洁燃料生产技术[EB/OL]. 中国石化新闻网(2004-09-23).
[36] 塔式聚酯成套技术与装备通过成果鉴定会. 中国纺织报,2006-03-23.
[37] 阳永荣. 聚合物工程进展. [出版者不详],2006.
[38] 新型高分子薄膜材料关键技术获重大突破. 科技日报,2005-04-20.
[39] 王辅臣,邹建辉. 煤化学工程研究进展. [出版者不详],2006.
[40] 李珂. 甲醇制低碳烯烃项目试验成功. 中国石化报,2006-09-04.
[41] 四川天一科技股份有限公司. 二甲醚装置简介.
[42] 孙思渺. 二甲醚的生产与技术进展. 医药化工,2006(6):20-29.
[43] 李勇武. 在石油和化工"十一五"规划座谈会上的讲话.
[44] 秦伟程. 国内外丙烯腈生产现状与市场分析. 化工科技市场,2006,29(3):13-19.
[45] 未来石化工业技术发展七大热点. 中国化工在线,2006-02-06.

撰稿人:谢在库　邵百祥　肖剑　钟思青　胡云光

专题报告

化学反应工程的新进展

一、引言

化学工业是我国支柱产业，在国民经济中占有重要的地位。2004 年全国石油和化学工业完成总产值 2.425 万亿元，约占全国工业 15.8%。2005 年全国石油和化学工业完成总产值 3.376 2 万亿元，约占全国工业 18.5%。

化学工业大体可分为以下三个部门：①基本化学工业，主要生产各种大宗基本有机化工原料（乙烯、丙烯、苯、甲苯等）和无机化工原料（合成氨、尿素、三酸两碱等）；②高分子工业，生产各种通用与专用或特种高分子（附加值高、性能优异的专用或特种高分子又属精细化工范畴）；③精细化学品工业，生产医药、农药、染料、涂料、颜料、信息技术用化学品（包括感光材料、磁记录材料等）、化学试剂和高纯物质、食品添加剂和饲料添加剂、催化剂、胶粘剂、助剂、表面活性剂、香料等。

化学工业兼具两个基本特点：①资源加工，通过对石油，煤，天然气，矿物等天然资源的加工，为其他工业部门提供能源和基本化工原料；②产品制造，对基本化工原料进行深加工，生产具有各种特殊性质和用途的产品，以满足在生产和消费环节中不同层次用户的需求。

资源加工与产品制造并无严格的区分界限，前者也涉及产品制造（中间产品），后者也涉及资源加工（深加工），但各有侧重。资源加工的目的是生产大宗化工产品，对某一产品，其分子结构简单，性质单一。节能降耗，绿色高效是资源加工生产过程的最主要任务。对产品制造，主要目的是根据用户需求赋予产品特殊的物理、化学和使用性质。产品分子和微介观结构对产品性能起决定性作用。揭示结构性能关系，并对结构加以调控是产品制造的最主要任务。从行业上划分，石油化工以资源加工为主，属过程工程；精细化工以产品制造（开发）为主，属产品工程。

对以资源加工为首要任务的石油化工，目前面临的是资源与环境两大重要问题。解决这些问题的主要途径在于过程工程技术，包括：①绿色高效化工过程开发；②替代资源的使用和资源综合利用。

这也是传统化学工业在整个世界范围内的基本发展趋势。对我国化学工业，由于技术相对落后，消化吸收国外现有先进技术与装置，在此基础上开发有自主知识产权的专有技术，摆脱国外技术垄断也是我国化学工业发展面临的重要任务。

化学工业发展初期主要是满足人们衣食住行的基本生活要求，产品量大，使用面广，如合成高分子材料。随着人们生活水平的不断提高，对产品的要求也不断提高。产品需要有特殊的性质与功能，生产加工成本并不是重要因素。此外，决定产品性质与功能的是产品的结构（主要是微介观尺度）。目前，基于微介观尺度的基础理论和工程研究都很薄弱。因此，研究的思路和出发点必须从细微处着手（think small），而非从工程放大、大型化着手(think big)。这是以产品制造为首要目标的化学工业的主要特点,其中需要解决的关键科学与技术问题是产品微介观结构效应及调控问题,这也是产品工程的关键问题。

化学反应工程作为化学工程学科的两大分支之一,出现于上世纪中期。之后随着化学传递过程理论的发展,计算机的推广与应用,得到了飞速的发展,并逐渐成为化学工程学科中最重要的和最具生命力的研究领域。

经过多年的发展,至今化学反应工程已拥有了雄厚的学科基础,形成了一套系统的用于反应器和反应过程开发的理论体系和实验方法。化学反应工程主要服务于化学工业。因此,今后化学工业的发展将极大地影响化学反应工程学科的发展,也对化学反应工程提出了新的挑战和任务。

对今后化学工业发展产生重要影响的几个因素包括:①石油(化学工业的最主要原料)的短缺,水的短缺,能源的短缺;②环境的恶化;③对产品质量与产品性能要求的不断提高;④对产品多样性的需求,对产品质量与产品性能的严格要求。

在这些因素的影响下,未来的化学工业的技术支撑主要在于:①利用替代原料(煤,天然气,生物质等)的新工艺开发;②原子经济性化工过程开发;③高效催化剂与高效反应器的开发;④安全、环保、高效、多功能产品的开发。

为此,化学反应工程在今后一段时期内的主要任务可归纳为过程工程和产品工程两方面。过程工程是化学反应工程的传统研究领域,主要任务是开发高效催化剂、工艺过程与反应器的开发,研究重点是节能、降耗、减排放;而产品工程是化学反应工程的新研究领域,主要任务是开发安全、环保、高效、多功能产品,研究重点是建立产品多尺度结构与产品性能的关系,及产品多尺度结构的调控。

化学反应工程的最终目标是提供反应器原理和设计基础以用于反应器设计,主要研究内容包括反应动力学(反应机理)和传递过程。由于绝大多数反应都用到催化剂,因此催化剂开发(有别于纯催化理论研究)也是化学反应工程研究的重要内容。

对一个化工过程,反应器通常占据最重要地位。在进行新的化工过程开发时,反应器通常是开发的重点和难点;而对现有化工过程装置,反应器的效率直接关系到过程的能耗、物耗、产品质量和废物排放量。因此,如果说工艺(主要是催化剂)决定是否有工业化可能,工程(主要是反应器)则决定工业化是否能最终实现,二者缺一不可。目前在我国,工艺和催化剂技术日益成熟(表现在大多数石油化工过程催化剂都实现了国产化),而工程技术(主要是反应器技术)却与发达国家的世界先进水平还有很大差距,表现在:①众多反应器装置目前还需要依赖进口。国内目前所有的对二甲苯(PX)氧化,乙烯氧化装置,几乎所有的煤气化装置都为引进装置;②国内现有的众多反应装置从规模上小于国外同类装置,如乙苯脱氢,甲醇合成等;③国内自主开发的且属于原创性的反应装置不是很多。

从国际上看,化学反应工程经过多年的发展,已有雄厚的学科基础,目前已有成熟的和系统的研究和开发方法用于反应器的设计与放大。因此研究重点和热点主要在于反应器结构和反应工艺的创新上。在反应器结构方面,创新的目的是实现过程强化,而在反应工艺方面,创新的目的是实现工艺绿色化,或实现原料的多样化(使用煤、天然气、生物质等石油替代资源)。在我国,化学反应工程的研究重点还包括反应装置的国产化(引进装置的消化吸收和再创新,目的是摆脱国外技术垄断)和大型化(降低生产成本,同时满足国内不断增长的市场需求)。

反应器因反应过程不同而差异极大,缺乏共性。反应速率对温度的高度非线性依赖关系,多相反应体系所带来的复杂传递过程,物系具有的特殊物理性质,实现安全平稳操作的苛刻要求等,使多相反应器的开发成为化工过程开发的主要难点。

比如,目前,在反应器的开发上,国内已取得一些令人瞩目的成果。华东理工大学在多年研究基础上,逐步形成了一套行之有效、特色鲜明的大型工业反应器开发方法,主要特点是:①通过经规划的实验和/或模拟计算,深入认识特定反应工程特征和反应器的流体力学特性,特别鉴别各有关参变量的敏感度。选定极少数对过程结果高度敏感的参变量作进一步的实验研究,以确定在可操作范围内的过程特征;②开展有针对性的动力学实验,确定动力学模型。进行目标导向的模型化研究,并加以实验验证;③流体力学计算和大型(原型)冷模实验现结合。根据反应混合、传热与传质要求,确定反应器结构参数和放大规律。

目前,尽管反应器的开发有路可寻,却没有捷径可走。这主要是源于具体反应过程中传递过程的复杂性。尽管有反应工程基本原理用于指导反应器设计,但在具体设计过程中,需要可靠的物性数据和传递数据,而通常这些数据或关联式要么缺乏要么不可靠。因此,大型工业反应器的开发多数情况下还需要经历中试,以对设计模型进行验证或修正[1]。近年来,流体力学模拟计算技术得到了长足的进步,大大减轻了流体力学实验工作量,有力促进了反应器开发效率。

本文主要总结近年来我国化学反应工程的重要进展,并展望不久的将来化学反应工程的发展,同时对化学反应工程领域的研究与开发重点提出建议。因为本专辑中对高分子工业领域的发展有专门介绍,本报告仅概述化学反应工程在石油化工领域(不包括炼油)中的进展。

二、我国近年化学反应工程主要进展

(一)国产化和大型化

1. 聚酯成套技术[3]

国内这方面的研究应以华东理工大学为代表。华东理工大学针对聚酯生产过程中酯化和缩聚反应特点,确定了合理的反应工艺流程。研究了酯化反应动力学、缩聚动力学,反应器的停留时间分布,缩聚反应器内熔体膜的形成机制和膜表面的更新速率,在此基础上于 2000 年在中国石化仪征化纤公司建立了第一条 100 kt/a 国产化装置,我国聚酯生产彻底摆脱了对引进技术的依赖。2004 年 9 月,上海石油化工股份公司 150 kt/a 连续聚合聚酯装置开车成功。

2. 苯乙烯成套技术[4]

苯乙烯技术的关键是乙苯脱氢反应器。目前,国内化工企业一般使用的是年产 100 kt左右的苯乙烯反应器,而华东理工大学和多家合作单位一起,完成了关键设备乙苯脱氢反应器研制开发,最终形成一套自主开发、设计、制造、建设的大型苯乙烯装置,开发出年产 200 kt 乙苯/苯乙烯成套技术，并拥有自主知识产权。华东理工大学采用的轴径向二维流反应器是一种在催化床顶部采用催化剂自封式结构的新颖径向反应器，该反应器消除了滞流区，提高了催化剂利用率，与纯径向乙苯脱氢反应器相比具有明显的优势。目前，更大规模的反应器(500 kt/a)正在开发中。

3. 甲苯歧化成套技术[5]

上海石化研究院在成功开发甲苯歧化与烷基转移催化剂的基础上，又开发成功具有自主知识产权的甲苯歧化与烷基转移成套技术，向伊朗转让的 870 kt/a 工艺技术于 2004 年实现了工业化。这是迄今为止我国少有的能够出口的化工成套技术。上海石化院的 1 Mt/a甲苯歧化成套装置也已成功应用于中国石化镇海炼化公司。该技术以甲苯歧化与烷基转移 HAT-096 催化剂为核心，采用自主开发的进料气体分布器，解决了大型轴向流反应器的均布问题，同时对反应器的结构进行了优化。

4. MDI 成套技术

2006 年初，由烟台万华聚氨酯股份有限公司开发的 160 kt/a 二苯基甲烷二异氰酸酯(MDI)的大型化工装置在宁波市大榭岛一次性试车成功。该套装置从规模上目前在世界上最大。该套装置目前是世界上单套规模最大的装置，其特点是实现了缩合、光气化和结晶分离的连续化，同时取消了液态光气储罐，使系统内静态光气储量为零，极大地降低了装置的安全风险。

5. 甲乙酮成套技术[6]

2001 年 11 月，山东淄博市齐翔腾达化工有限公司采用中国石化抚顺石油化工研究院研制开发的甲乙酮成套技术建设了国内生产规模最大的 20 kt/a 甲乙酮生产装置，生产出优质的仲丁醇和甲乙酮产品，结束了我国大型甲乙酮成套技术长期依靠引进的历史，形成了具有我国自主知识产权的专利技术。抚顺石化二厂于 2005 年对原有 25 kt/a 甲乙酮装置进行扩能改造，建成了国内第一、亚洲第二大的 55 kt/a 甲乙酮装置。在甲乙酮合成成套技术中，正丁烯反应器是难点和核心。

6. PX 氧化反应器

对二甲苯(PX)氧化反应器是大型的多相反应器。目前我国现有 PX 氧化反应器几乎全部来自国外。但华东理工大学对扬子石化 100 kt/a PTA 的 PX 氧化反应器进行了改造，改造后醋酸单耗明显下降。

7. 乙烯氧化反应器

我国目前十余套乙烯氧化制环氧乙烷反应器全部为进口。华东理工大学对乙烯氧化反应器开发进行了系统的研究工作，形成了 300 kt/a 乙烯氧化反应器设计软件包。

(二)过程强化

1. 磁稳定床[7]

磁稳定床是指具有磁性的粉体在外磁场作用下分布和固定在床层内的新型反应器。磁稳定床一方面避免了催化剂与产物的分离问题，另一方面又提供了流体与催化剂的高效接触，因而具有十分重要的工程优势。石科院将纳米晶/非晶镍合金催化剂与磁稳定床反应器工程技术相结合，解决了均匀磁场放大的技术难题，实现了磁场对催化剂的有效控制和流体的均匀分布，创造性地开发出磁稳定床己内酰胺加氢精制新工艺，并成功应用于中国石化巴陵分公司 7 kt/a 己内酰胺工业生产装置。与现有釜式工艺相比，采用磁稳定床工艺每年可节省操作费用约 200 万元，每年因产品质量提高而产生的间接经济效益 1 300万元，总经济效益约 1 500 万元。磁稳定床反应器成功工业化应用还为磁稳定床反应器在其他领域的应用奠定了基础，推动了磁场流态化技术的发展，具有较大的社会效益和技术进步作用。

2. 超重力反应器[8]

超重力反应器是利用设备高速旋转产生的超重离心力使液体或熔体在催化剂或转盘上形成高速、均匀流动的薄层，从而促进热质传递，并精确控制停留时间。北京化工大学利用超重力反应器技术，在山西芮城县华泰科技工业园建立了万吨级超重力法合成纳米碳酸钙生产线。超重力技术也成功应用于锅炉水脱氧，纳米硫酸钙制备等过程。

3. 膜反应器[9]

膜反应器是指反应与膜分离同时进行的反应器。膜反应器在生化过程(发酵、废水生化处理等)中应用较为广泛，使用的膜多用有机膜。无机膜因耐高温、且可负载催化剂，因而在化学工业中极具吸引力。但无机膜通常选择性较差，而且密封困难，因此成功的工业应用不多。最近中科院大连化物所成功开发了高透氢量[$>50\ m^3/(m^2 \cdot h \cdot bar)$]、无缺陷的复合钯膜，应用于天然气制氢过程中氢的原位分离，经过了 1 500 h 以上考核。

南京工业大学开发了多通道多孔陶瓷膜，已成功应用于环己酮氨污化反应装置，以过滤纳米级(200 nm～300 nm)的钛硅分子筛。尽管从严格意义上这并非膜反应器，但却是无机膜少数成功工业应用的例子之一。

4. 微反应器

微反应器是指流动通道在几十微米至一两毫米的反应器。微反应器因流动通道极小而在传递过程强化和生产的安全性、灵活性等方面具有突出的优势。另一个显著的特点是微型反应器通过数量放大(有别于传统反应器的规模放大)扩大生产，因而无需经历冗长、代价巨大、有风险的放大过程。微反应器的设计与开发目前是反应工程的研究热点，国内中科院大连化物所、清华大学、华东理工大学等单位也开展了相关研究工作，详细情况可参阅本报告微反应器专题。

(三)工艺绿色化

1. 环己酮氨肟化制环己酮肟新工艺[10]

以环己酮、氨和双氧水为原料，使用新型钛硅分子筛(HTS)催化剂，在连续式搅拌釜中一步“原子经济”合成环己酮肟，并采用膜分离技术实现催化剂与产物的分离。与现有装置相比，省掉氨氧化、NO_X 吸收、Pd/C 催化剂加氢等工序；不需要循环压缩机、空压机等大型辅助设备，设备投资和能耗大大降低；反应条件温和、运行成本低、产品质量高、环境友好。该技术主要有石科院开发，目前在中国石化巴陵分公司的 70 kt/a 工业装置已建成投产，投资为同规模引进装置的 21.1%，每吨己内酰胺可变成本降低 644 元。

2. 碳酸二甲酯非光气法工艺[11]

碳酸二甲酯通常采用光气合成，目前的绿色工艺是二氧化碳与环氧丙烷(或环氧乙烷)生产碳酸丙(乙)烯酯(PC)、再和甲醇酯交换反应生成高纯度的碳酸二甲酯和丙二醇或乙二醇。该工艺原子经济性优势十分明显，而且不采用光气，生产过程安全，污染也极少，因此是典型的绿色工艺。2005 年 10 月锦州天然气化工公司设计能力为年产 15 kt 的碳酸二甲酯装置成功开车。这是国内最大单套生产装置，其联产品丙二醇产量为 12 kt，成本优势明显。该工艺采用华东理工大学第三代酯交换技术，目前已达到国际领先水平。

(四)原料的多样化

目前，由于合成燃料和化工品的替代石油资源有煤、天然气和生物质三大类，相应的化学工业部门为煤化工、天然气化工和生物化工。

煤化工的主要工业过程是煤的直接或间接液化，煤的气化及以合成气作为原料的各类化工过程(合成气化工)。尽管天然气可通过氧化偶联直接制备乙烯，但离工业化生产还有很远的距离。目前天然气利用的主要途径还是生产合成气(少量用于生产乙炔。目前，清华大学与中国石化四川维尼纶厂合作，成功开发万吨级乙炔炉，于 2006 年 6 月顺利投运)。生物化工是利用各种生物质生产燃料(如生物柴油、乙醇等)、化工品(丙烯酰胺，1,3-丙二醇等)，更多用于生产各种有机酸、氨基酸、抗生素等。煤化工中煤的气化、直接或间接液化、生物化工本集中有专论，国内天然气制合成气技术(主要是蒸汽重整和部分氧化重整)也十分成熟，因此这里主要介绍合成气化工。

合成气除用于合成氨和直接合成液体燃料(见煤化工)之外，主要用于合成甲醇和二甲醚。

1. 甲醇

甲醇生产技术成熟，目前多家化工企业都积极扩产。从化学反应工程角度，发展的重点是单台反应器大型化。目前单套最大能力为 2004 年 6 月在特立尼达 Atlas 投产的 5 kt/d的由 3 台反应器组成的 Lurgi 联合反应器，更大规模的天然气制甲醇装置(7.5 kt/d)正在建设中。ICI 甲醇塔结构简单，催化剂装填系数大，易大型化，目前已有单套 3 kt/d 的装置。国内单套装置生产能力最大的为 600 kt/a(2006 年 9 月投产)，由中海石油建滔化工有限公司投资建造，为引进德国 Lurgi 公司技术。

杭州林达化工技术工程有限公司提出“JW 低压均温甲醇合成塔技术”突破国外低压甲醇合成塔的结构形式，采用独特的反向排列套装的双 U 形管冷管胆作为换热元件，使每二根相邻冷管内气体流动方向互为逆流，达到等温均温反应的目的，催化剂层温差低达 5℃～10℃以内[12]。该技术目前已应用于国内多家企业等，单台最大生产能力 200 kt/a。大连大化集团 300 kt/a 甲醇合成塔正在加工。JW 低压均温甲醇合成塔技术具有较强的国际竞争力，已成为替代引进并可出口的甲醇合成成套技术与装备。

2. 二甲醚[13]

二甲醚有一步法和两步法之分。两步法是先合成甲醇,然后甲醇在氧化铝或分子筛催化剂的作用下,脱水生成二甲醚,两步法是目前国内外生产二甲醚的主要方法。目前国内二甲醚技术研发单位主要有山东久泰化工科技股份有限公司、清华大学化工系、中国石油兰州分公司研究院、浙江大学、杭州大学催化研究所、中科院大连化物所、太原理工大学、华东理工大学化工学院、化工部西南化工研究院等。

西南化工研究院开发的两步法合成二甲醚技术迄今为止已转让20余套,该技术的主要特点之一是反应器采用多段激冷式固定床,既避免了绝热式固定床反应器温升太高造成副反应增加、甲醇单程转化率偏低的缺点,又克服了换热式固定床和等温管式固定床反应器尺寸大、催化剂装填容量小的不足。之二是新型的汽化塔和分离工艺,不设置用于回收未反应甲醇的提浓塔。这样简化了流程、减少了投资,每吨二甲醚产品蒸汽消耗比国外同类技术可减少0.5 t以上。三是以二甲醚精馏塔塔釜排出的甲醇水溶液做反应尾气洗涤塔的吸收剂,减少了外排尾气中的甲醇含量,降低了甲醇消耗。

清华大学开发出浆态床一步法合成二甲醚技术,与重庆英力燃化有限公司联合投资2 000万元建设3 kt/a二甲醚中试装置,于2004年4月底投入运行,并产出合格二甲醚产品。但目前一步法技术存在原料利用率低、催化剂寿命短、产品分离困难等缺点,技术上优势与一步法相比不明显,离实现工业化还有一定距离。日本JFC公司根据自己年产30 kt一步法二甲醚实验工厂的运行情况称,一步法与两步法相比,不论在总投资或生产成本上尚没有优势。

3. 醋酸

甲醇合成醋酸有高压羰化法和低压羰化两种工艺,高压羰化操作压力高、副产物较多、产品精制复杂,因而低压法是今后的发展趋势。目前,山东兖矿集团已建成投产的200 kt醋酸项目采用的甲醇低压羰基合成醋酸技术装置,这是国内第一套具有自主知识产权技术的醋酸工艺装置,采用西南化工研究院开发的技术。

4. MTO[14]

MTO(甲醇转化制烯烃)在合成气化工(包括煤化工和天然气化工)中占据重要的地位,因为这是合成气化工与目前石油化工的桥梁,因此MTO技术突破有重要而深远的意义。中科院大连化物所与陕西新兴煤化工科技发展有限责任公司、中国石化集团洛阳石油化工工程公司合作开发成功的甲醇制烯烃工业性试验项目(DMTO),从项目规模和各项指标已达到世界领先水平。这是目前世界上首套万吨级甲醇进料规模的甲醇制低碳烯烃(DMTO)的装置,具有自主知识产权,装置规模和技术指标处于国际领先水平。其中的MTO反应器采用循环流化床。

三、总结与展望

从上述化学反应进展的简要介绍中可看出,我国在化工装置的大型化、引进装置的国产化、反应过程强化、绿色工艺开发以及石油替代资源的开发利用方面取得了显著成绩。

部分技术为世界首创,部分技术从规模上和技术水平上达到了世界先进水平。但一些技术如环氧乙烷/乙二醇,PX 氧化等仍与发达国家先进水平还有很大差距,部分工业过程尽管实现了国产化,但在技术经济性和创新性方面还落后于发达国家。要达到国际先进水平,实现我国从化工生产强国到化工技术强国过渡,化学反应工程研究与开发人员任重而道远。

另外,值得注意的是,对绝大多数大宗石油化工品,从全球范围内看,产能都已经饱和。我国众多石油化工原料产能也已经饱和。因此,今后化学反应工程研究的重点除解决国产化、大型化、过程强化、绿色化和原料的可持续化外,更需要在原料的深加工、产品的多样化和差别化这方面加大研究力度,使化工产品承载的更多的是技术,而非资源,只有注意到这些,才能最终实现我国化学工业从“资源输出”工业向“技术输出”工业的转变。

参考文献

[1] 袁渭康.我们的化学工程:关于目标尺度微细化的讨论.化工进展,2004,23(1):9-11.

[2] American Institute of Chemical Engineers. Vision2020: Reaction Engineering Roadmap. [s. n.],2001.

[3] 钱伯章. 国内自主知识产权三釜流程聚酯装置在上海石化投产. 聚酯工业,2005,18(1): 45.

[4] 徐志刚,钱志毅,俞丰,等.乙苯脱氢制苯乙烯反应器的技术进展.化学世界,2004,45(1):48,49-52.

[5] 米多,王玉辉,王广胜. 甲苯歧化与烷基转移技术进展. 化工技术经济,2006,24(2):13-16,20.

[6] 万嘉田.我国甲乙酮成套技术跃居世界前列. 天然气与石油,2002,20(3):15.

[7] 左佳齐,宁彬.一个新的平台技术的诞生——记中国石化“非晶态合金催化剂和磁稳定床反应工艺的创新与集成”获 2005 年度国家技术发明一等奖. 中国石化,2006,2:13-16.

[8] 邹海魁,邵磊,陈建峰.超重力技术进展——从实验室到工业化.化工学报,2006,57(8):1810-1816.

[9] 徐南平.膜技术——国民经济可持续发展的重要技术. 江苏科技信息,2006,6:1-4.

[10] 徐兆瑜.己内酰胺生产工艺技术新进展. 精细化工原料及中间体,2006,3:25-29.

[11] 田恒水,朱云峰,郝晔.酯交换法生产碳酸二甲酯技术开发与市场发展.化工催化剂及甲醇技术,2006,4:13-17.

[12] 楼韧,姚泽龙,楼寿林.林达大型低压甲醇合成塔技术新的进展.化工催化剂及甲醇技术,2006,3:8-13.

[13] 沈师孔.天然气转化利用技术的研究进展.石油化工,2006,35(9):799-809.

[14] 孙可华.大连化物所与陕西新兴公司等合作建万吨级甲醇制乙烯工业示范装置.国内外石油化工快报,2005,35(7):15.

撰稿人:周兴贵

化工分离工程学科进展

一、引言

化学分离工程是化学工程中一个非常重要的分支，任何化工生产过程都离不开分离工程。绝大多数反应过程的原料和反应产物都是混合物，需要利用混合物中各组分之间分子性质、热力学和传递性质的差异，通过能量分离剂和质量分离剂的加入实现分离。同时，分离工程在充分利用资源和控制环境污染方面也具有不可或缺的作用。

化工分离具有如下特点：①多样性——分离工程应用范围广泛（炼油、石化等），分离机理多样化（生成新相、加入新相、采用隔离物、采用固体分离介质、引入外场等）；②复杂性——由于缺乏基础物性数据和大型塔器的可靠设计方法，多组分体系大型设备的设计非常困难；对于高温、高压、多组分和强非理想体系，热力学和动力学数据难以准确计算；反应分离耦合过程的基础特性数据更为缺乏；③挑战性——当今世界的主要能源如石油、天然气和煤炭等都是不可再生能源，分离过程对化工生产的技术经济性起着制约作用，必须充分利用能源和资源；随着绿色化工理念的加强，对各种废物及污染物的排放限制越来越严格，对分离技术提出了更高的要求。

我国分离技术与发达国家相比，落后 10 年左右。“十一五”的重点是开发石油炼制、石油化工、大宗有机化工产品生产过程的精馏技术；酯化、酯交换、皂化、胺化、水解、异构化、烃化、卤化、乙酰化和硝化等过程的催化精馏技术；减少二氧化硫及温室气体二氧化碳排放的分离回收技术；工业气体净化分离、化工废水处理的膜分离技术；热敏性化工产品分离的分子蒸馏技术；精细化工生产过程的超重力技术；具有高附加值的极度相似化合物（如手性化合物）的分离纯化技术；无机盐、化肥、纯碱生产的高效结晶技术等。分离工程的总体发展目标是在自主创新的基础上，完善现有分离技术，努力开发先进、实用的新型分离技术，赶超其他科技强国，以满足我国国民经济和社会发展对能源、资源、环境、材料等日益增长的需求。

二、化学分离工程理论方面的进展和突破

分离工程的强化和发展要以基础理论的研究和指导为基础。作为当代工业应用最广的分离技术，目前已具有相当成熟的工程设计经验与一定的理论研究基础，正在由传统的依靠经验、半经验指导过渡到半理论以至理论指导，并且由传统的单一分离过程向耦合和复杂的优化分离过程发展，以提高分离效率和节能。

信息技术对化工分离工程的发展起着极其重要的作用。例如分子模拟大大提高了预测热力学平衡和传递性质的水平；分子设计加速了高效分离剂的开发；化工模拟软件的商品化和 CAD 和 AI 在化工中的应用大大推动了分离过程和设备的优化设计和优化控制；

非平衡级模型抛弃了传统的“平衡级—级效率”模式，直接用传质、传热速率方程表征两相间的传递过程，避免引入级效率、等板高度等难以确定的物理量，适用于多组分物系的分离过程；功能齐全的 CFD(计算流体力学)软件可以对分离设备内的流场进行精确的计算和描述，加深了人们对相际传递过程机理的认识，并为设备强化和放大提供了重要信息。

天津大学化学工程联合国家重点实验室[1]采用计算流体力学的方法建立了精馏塔内流体流动行为的模拟方法，通过针对气液两相流建立 Navier-Stokes 方程，模拟出了规整填料塔内的压力分布、速度分布，并结合传质方程以及不同时刻示踪剂的质量分数分布，得出了气相轴向返混系数随压力和有效气速变化的模拟结果。从而实现了在不同的压力、有效气速等操作参数条件下气相轴向返混系数等性能参数更加准确的模拟结果。

液泛点是填料塔操作的上限，也是设计填料塔的重要参数。填料塔的操作通常是在相当于 70%液泛气速的载液区进行的。选择低液泛填料以及准确预测液泛点是填料塔设计者的首要任务。华东理工大学化学工程联合国家重点实验室根据从双膜理论出发由 Bernoulli 方程得到的液泛气速与液速之间的函数关系[2]，考察了两个与填料有关的模型参数：一个是由填料比表面积和床层空隙率所组成的填料因子，另一个是自行定义的填料结构参数，并通过对不同类型填料液泛数据的拟合进行了参数估计。由于同时考虑了填料结构和填料因子的作用，因此对液泛的预测更有针对性、更加准确。

20 世纪 60 年代出现的模拟移动床(SMB)液相组分吸附分离技术在石化行业得到了广泛应用，主要用于二甲苯和其他一些芳烃同分异构体的分离、正异构烷烃的分离。近十年来，SMB 技术的应用领域不断扩大。在 SMB 技术发展过程中，过程的模拟计算与分析起着重要的作用。通过适当的模型化结果，可以获得从实验和实际中都得不到的信息，为改进和提高过程的性能奠定基础。南京工业大学[3]针对分子筛脱蜡工业生产的模拟移动床过程，基于真实移动床(TMB)建模策略，建立描述模拟移动床过程的数学模型，求解偏微分方程组，获得模型模拟计算值与过程设计值相一致的结果，模型可以用来描述分子筛脱蜡工业生产的模拟移动床过程。

材料物理化学和化学工程传质理论的发展为新型溶剂分离膜材料发展奠定坚实的理论基础，清华大学[4]、天津大学等在此基础上对有机溶剂分离膜结构和膜材料设计理论进行了研究。通过在分子水平上优化设计膜材料，并通过适宜的成膜技术，研制高性能的渗透蒸发分离膜；提出“膜结构和膜材料相互协调，利用模拟计算进行膜材料优化设计”的研究思想，以化工热力学和高分子溶液物理化学为基础，计算有机物分子在膜中的溶解特性与扩散特性，以此作为选择和确定膜材料的依据，提供了在分子水平上进行分离膜材料设计的方法学，更好地满足了分离过程对高渗透通量和高选择性以及膜稳定性的要求。

三、化学分离工程在解决我国能源需求方面的作用以及近几年取得的进展

石油和化学工业是能源和资源消耗大户，但目前我国的石油和化工行业能源利用效率非常低，能源供应短缺和浪费并存，化工行业处于一种高能耗、低产出的粗放型发展状态。据统计，目前中国化工生产中作为原料消耗的能源占能源总消耗量的 40%；单位产

值能耗为美国、加拿大等发达国家的4倍左右，单位产值水耗为发达国家的3.5倍左右。节能、发展循环经济是“十一五”规划的重点，未来化工行业发展的趋势将是通过资源的高效利用和循环利用，形成低投入、低消耗、低排放和高效率的节约型增长方式。分离工程作为各种化学工业中必不可少的一部分，一方面耗费了大量的能源，是主要的耗能步骤，需要深入研究降低能耗的新型技术；另一方面又是炼油和石油化工生产中重要的组成部分，直接影响着一次能源的供给能力。

建设“千万吨级炼油、百万吨级乙烯”大型化工装置，提高设备效率、降低能耗、减少废物排放是国家能源战略规划的目标。天津大学应用现代传递理论、流体力学与计算流体力学、系统分析优化理论和三维图像技术等多学科领域的最新研究成果和方法[5]，开展炼油分离过程强化研究，显著提升了炼油分离过程中的蒸馏强度与轻油的拔出率。在大型板式塔技术方面形成了基于湍流理论计算板式塔流动分布的理论体系；在填料塔技术方面实现了预测液相流体力学行为的突破。20世纪末期以来又在精馏技术研发中创新性的引入计算流体力学方法，开发出多种新型规整填料、立体导向梯形浮阀、槽盘式气液分布器、多级全连通式液体分布器、具有捕液吸能作用的双切向挡板进料分布器等多项专利和专有技术，解决了大直径、浅床层的填料塔和大直径高液面梯度的板式塔内流体力学和化工热力学等工程难点，形成了具有自主知识产权的炼油分离过程强化集成技术，为我国能够自主研制8 m以上直径的特大型塔器提供了技术保障。应用这一集成技术，国内炼油工业不到十年时间连续刷新并创造了单套装置处理能力由最初2.5 Mt跃升到5 Mt、6 Mt、8 Mt，直至2005年达到10 Mt的记录。我国第一套千万吨级炼油系统的减压蒸馏装置，在保持原减压塔壳体（塔径6.1 m）不变的条件下提高了蒸馏强度，装置扩能一倍（5 Mt/a），改善了减压系统的产品质量，单位能耗降低24%。该技术的成功应用，突破了发达国家在我国炼油工业长期的技术领先地位，总体技术水平达到了国际先进水平，在理论研究、技术工艺、装备方面形成了完整的工程化技术体系。该项目的应用推广覆盖了我国炼油能力90%，显著提升和推动了化学工业的技术进步。

天津大学石油化工技术开发中心采用全流程模拟仿真技术及热网络集成技术实现了复杂精馏系统的完全热耦合集成，不仅实现了系统内冷热流股之间的热耦合利用，而且通过合理分配精馏塔的操作压力实现了精馏塔之间的完全热耦合集成，大幅度降低了精馏过程的能量消耗。在燃料乙醇生产中蒸汽消耗由传统技术的2.25 t蒸汽/t产品降至1.5 t蒸汽/t产品，效益显著。同时完成了“水在3A分子筛上吸附和扩散平衡”的基础研究[6]，及“具有支撑、气体分布与能量贮存多功能内件的大型吸附器”的工程放大工作。在国内首次将分子筛变压吸附脱水生产燃料乙醇技术实现工业化，并建成单套生产能力为500 kt/a的生产装置。到目前为止，该生产装置在单套规模上为世界之最。为我国燃料乙醇产业的发展作出了重要贡献。

清华大学化工系与中国石化巴陵分公司[7]的合作项目“新型转盘萃取塔研究与工业应用”于2003年12月通过了教育部组织的专家鉴定。装有级间传动挡板的转盘萃取塔是清华大学根据多年研究成果形成的专利技术。该项目采用激光多普勒测速仪（LDV）和计算流体力学（CFD）软件，对转盘萃取塔（RDC）内的单相流流场进行了测量和模拟，发现塔内存在沟流和级间的旋涡流动，级间返混严重。与此同时，发明了一种装有级间传动挡板的新型转盘萃取塔(NRDC),以有效抑制沟流和级间的旋涡流动,传质效率比RDC高20%～40%,而液泛速度大致相当。根据己内酰胺装置扩能改造的要求,提出了采用NRDC的新方案,在原塔外形尺寸不变的前提下完成了NRDC的优化设计,巴陵分公司将此技术应用于从荷兰DSM公司引进的己内酰胺装置的扩能改造,其生产能力由原来的50 kt/a提高到70 kt/a,达到扩能40%的要求。改造后提高了生产能力,塔底水相己内酰胺含量也由设计值的0.5%降低到0.2%～0.3%,经济效益显著。

耦合分离技术在节能方面具有明显的优势,引起了研发者的重视。近年来,催化精馏、膜精馏、吸附精馏、反应萃取、络合吸附、反胶团、膜萃取、发酵萃取、络合吸附、化学吸收和电泳萃取等耦合分离技术得到了长足的发展,并成功地应用于生产。燕山石化公司制苯装置采用了抽提蒸馏分离芳烃新工艺技术[8],由燕山石化公司与石科院、中国石化工程公司等单位联合开发,该技术适用于从裂解加氢汽油中分离苯和甲苯,具有产品质量好、收率高和操作灵活等特点。到2004年12月累计生产合格产品370 kt。装置标定考核结果表明,在产品产量达到设计值的工况下,苯、甲苯质量均达到或超过国家优级品标准,其他各项技术经济指标也达到了合同保证值,同时单位产品能耗比改造前均大幅度降低,其中苯工况的蒸汽消耗降低约45%,在降低能耗的同时装置运行稳定性大大改善,苯产品质量也明显提高。

三、化学分离工程在解决我国资源需求方面的作用以及近年来取得的进展

化学工业对于各种化石资源、矿物资源以及水资源的需求量很大。作为各种化工过程必不可少的分离过程,其发展将影响到各种资源的获得和利用,可以为工业开发出新的资源和更好的利用方式,并且可以为提高资源的利用率提供新的方法和手段。

乙烯是石化工业的龙头产品,是生产有机原料的基础,其生产规模、产量、技术都标志着一个国家石化工业的发展水平。我国现有16家乙烯生产企业,18套装置。2004年生产乙烯6 270 kt,居世界第3位,但是装置经济规模较低,生产效率低,能耗较大。《乙烯工业中长期发展专项规划》提出乙烯工业发展目标"企业平均规模提高到580 kt,主要技术经济指标达到国际水平,部分指标达到世界先进水平",大型乙烯装置的建设已成为发展趋势,这一趋势也要求乙烯分离技术水平相应提高。

天津大学对大型乙烯装置汽油急冷关键技术进行了研究[9],应用现代传质理论、计算流体力学、系统分析优化等基本理论和方法,针对大型乙烯装置汽油分馏急冷系统工程放大难题,进行了关键技术创新,实现了系统集成。开发出了高效三溢流塔盘、低液面梯度、气液均匀分布、抗堵塞和内件集成等多项关键新技术。建立了大型乙烯装置汽油分馏急冷塔的工程学方法。课题组打破了大型汽油分馏急冷塔分离段长期以来使用填料的技术格局,开发和使用了导向三溢流复合塔盘技术、变截面变孔径管式预分布技术、组合桁架支撑技术、多进口环形折返进料分布技术,解决了大型汽油分馏急冷装置气液分布、结焦堵塞和长周期稳定运行的工程难题,将大型板式塔/填料塔组合集成技术成功应用于国内大型乙烯装置——中国石化齐鲁分公司840 kt/a乙烯汽油分馏急冷塔中。该汽油分馏

急冷塔直径为9.2 m，是我国目前自行设计和制造的最大直径的板式分馏急冷塔，是集成技术应用于大型乙烯急冷系统国产化装置的成功范例。中国石化齐鲁分公司烯烃厂装置建成后，乙烯装置生产能力从480 kt/a大幅度提高到840 kt/a，汽油分馏急冷塔的主要控制指标均达到或优于设计值：全塔压降为0.011 65 MPa（小于设计值的0.013 MPa）；塔釜温度平均为197 ℃（达到了设计值）；进料流量5 656 607 kg/h，达到设计负荷（年开工时间按8 000 h计），产品质量全部合格。利用急冷油余热产生稀释蒸汽的换热器，换热效率提高，每小时节省中压蒸汽15 t。该塔操作正常并具有15%的上限裕量，完全满足乙烯生产要求。

对二甲苯是芳烃工业的主要产品之一，高纯度的对二甲苯是聚酯纤维工业的基本原料。其生产主要采用吸附分离工艺技术，由高效分子筛-吸附剂配合模拟移动床连续逆流分离技术构成。在吸附塔中，利用吸附剂对混合二甲苯异构体不同的选择吸附能力，经过反复逆流传质交换，使对二甲苯不断提纯，再由解吸剂解吸提纯的对二甲苯，精馏抽出液回收解吸剂，得到高纯度对二甲苯。目前，世界范围内对二甲苯吸附分离技术被美国UOP公司开发的吸附分离工艺及法国IFP开发的Eluxyl工艺所垄断。要实现我国芳烃工业的突破性发展，就必须在这一领域取得进展。近年来，石科院[10,11]在芳烃吸附工艺技术方面进行了大胆探索。RAX-2000A型芳烃吸附剂由石科院和长岭催化剂公司共同研发，具有自主知识产权，填补了国内该领域的空白。该吸附剂是利用其吸附选择特性，将混合二甲苯中的对二甲苯吸附到吸附剂的孔穴中，再利用对二乙基苯将对二甲苯置换出来，经过下游的分离工艺生产出高纯度的对二甲苯产品。该吸附剂于2004年9月在中国石化齐鲁分公司芳烃装置上进行了首次工业应用试验，装置投料一次开车成功，生产出合格的对二甲苯产品，国产芳烃吸附剂通过了100%负荷下的性能考核，在原料组成稳定情况下，对二甲苯产品纯度平均为99.59%，收率平均为93.13%；在102.9%进料负荷下，对二甲苯产品纯度达到99.77%，产品收率达到99.05%，超过技术协议期望值和进口技术的保证值。工业应用试验结果表明，该吸附剂的吸附性能及稳定性均达到国际同类产品的先进水平。

一氧化碳是重要的化工原料，可用于合成多种高附加价值化工产品，如醋酸、醋酐、甲酸、二甲基甲酰胺、碳酸二甲酯、聚碳酸酯、光气、聚氨酯、草酸酯和金属羰基化合物等。北京大学化学院物理化学研究所结构化学国家重点实验室[12]在基础研究中发现自发单层分散原理，根据此原理，将氯化亚铜单层分散在分子筛表面，利用铜离子可与一氧化碳络合的性质，制得对一氧化碳有高吸附容量和高选择性的氯化亚铜分子筛高效吸附剂。这种吸附剂性能居国际领先水平，已实现了工业化生产。利用此吸附剂，先锋科技有限公司开发成功大规模变压吸附分离一氧化碳工程技术，于2003年2月在江苏丹阳化工集团醋酐公司建成以半水煤气为原料每小时产一氧化碳1 700 m^3的大型变压吸附分离装置，一次开车成功，平稳运行至今，一氧化碳吸收率高于85%，纯度高于98.5%，性能指标居国际先进水平。丹阳化工集团公司醋酐公司利用此技术生产一氧化碳成本每吨只有约1 000元，和甲醇（每吨约2 000元）一起生产醋酐，可年产每吨价值1万多元的醋酐约30 kt，利润1亿多元。该装置具有投资少、产品质量高、生产成本低、自动化程度高、操作方便等优点，应用前景十分广阔。

四、化学分离工程在解决我国环境问题方面的作用以及近几年取得的进展

环境是我国石油和化学工业发展的重要瓶颈。石油和化工行业是高污染的行业，据统计，2002 年我国化工废水排放量占全国工业废水排放总量的 17.5%，居第一位；化工废气排放量和固体废物产生量在全国工业中分居第四和第五位；化工危险废物产生量占全国工业行业总产生量的 60%以上，居第一位。在石油化工行业的快速发展过程中，切不可忽视环境问题，一定要协调好行业发展和环境保护的关系。

对于工业生产中排出的废气、废液、废渣等污染物，常用的处理方法是生物降解、化学降解和污染物的分离脱除。因此分离工程在环境保护中起着重要的作用。由于污染物种类繁多、性质复杂、浓度较低，环保分离技术必须针对这些特点进行开发研究。许多分离单元操作已用于环境保护，如吸收技术用于从工业燃烧废气中脱除二氧化硫；萃取技术用于从工业废水中脱除酚和其他有害有机物以及重金属离子等，吸附和离子交换技术用于处理放射性废水；液膜分离技术用于废水中重金属离子的富集等。从工业生态学的角度分析，许多工艺过程排出的“废物”不再是“无用”的，而是“没有完全利用的物质”，三废处理就是发挥其潜在功能的过程，这样就对分离技术提出了更高的要求，进一步的开发研究集中在对排放废物的综合利用上，例如对燃烧废气中低浓度二氧化硫的脱除、回收和综合利用；应用先进分离技术处理废水回收有价值物料或进行物料的再循环；根除污染物在生产过程中的产生是一种理想的环境保护方法，即所谓的“零排放”生产过程，要做到这一点需要环保、分离工程和各领域的工艺开发研究者共同合作，进行大量的工作。针对环境问题分离技术需要进一步发展和提高，为绿色化工的发展和进步贡献力量。

华电南京电力自动化设备总厂、贵州宏福实业开发有限总公司、中国煤炭科学研究总院北京煤化工研究分院[13-14]联合承担的“863”计划洁净煤技术主题“可资源化烟气脱硫技术”课题完成了活性焦烟气脱硫示范装置的工程设计，在贵州宏福实业开发有限总公司建成了烟气处理量近 200 km^3/h 的活性焦烟气脱硫装置，并成功投入运行，从烟气中回收的高浓度 SO_2 气体直接通入宏福公司的硫酸生产系统，用于生产硫酸，实现了燃煤烟气中 SO_2 的脱除和资源化利用；煤炭科学研究总院北京煤化工研究分院建成了实验室活性焦台架脱硫评价试验装置，通过实验室系统研究和放大的工业生产试验，开发出高性能烟气脱硫专用柱状活性焦，实现批量生产；完成了 200 000 kW 发电机组燃煤锅炉活性焦烟气净化装置的工程设计软件包。该技术的脱硫剂是以煤为原料制成的活性焦，依靠活性焦吸附和催化特性，实现烟气脱硫净化；吸附饱和的活性焦，通过再生，释放出 SO_2 气体，恢复脱硫活性，继续循环使用；活性焦具有广谱的吸附性能，因此该技术能够脱除多种有害物质；颗粒具有过滤性能，因此可以实现精除尘；同时脱硫过程无废水、废渣排放，因此该技术具有优异的环保性能。再生释放出 SO_2 气体，通过现有成熟的化工工艺，转变成有市场前景并有高附加值的含硫产品（产品可以是硫酸、单质硫、液体 SO_2、硫酸盐等各种产品），实现资源化脱硫，满足经济可持续发展战略的要求。

北京有色金属研究总院和有研稀土新材料股份有限公司[15]完成了“非皂化混合萃取

剂萃取分离稀土新工艺”的研究，该技术首次采用非皂化的 P204 与弱酸性磷类萃取剂配制的混合萃取剂，直接在硫酸和盐酸混合介质中萃取分离稀土，萃取过程不产生氨氮废水，从源头上解决了冶炼过程中氨氮废水对水资源造成严重污染的问题，并简化了工艺流程，提高了萃取过程中的稀土浓度，增大了设备产能，降低了化工材料单耗，提高了稀土分离效果。采用该工艺成功的改造了 4 kt/a 碳酸氢铵沉淀转型生产氯化稀土生产线，并实现稳定生产，稀土回收率大于 98%；生产一吨氯化稀土的化工材料成本比碳铵沉淀转型工艺降低 20%以上，产生了显著的经济效益和社会效益。

2004 年 12 月中国石油大庆炼化公司建成投产处理量为 4 Mt 的双膜法工艺污水回用装置[16]，实现了炼油污水处理后回用为锅炉用水。目前该装置运行平稳，污水深度处理回用后氨氮、COD、pH 值、细菌、挥发酚等指标全部达到国家规定标准。截止 2006 年 6 月底，大庆炼化公司已实现成本节支 389.25 万元。污水回用装置正式开工投产以来，大庆炼化公司原来作为废水排放的 300 t/h 的炼油污水和 300 t/h 的生活污水，经过污水回用装置的处理，作为循环水补水和锅炉补水全部回收利用，效益显著，极大地减轻了工业废水对环境的污染，大幅减少了新鲜水消耗量，既保护了环境，又节约了用水。该污水处理回用装置的建成投产，创下了国内多个第一：国内规模最大的炼油污水处理装置（产出能力 400 t/h）；国内首个将炼油污水深度处理回用于锅炉补水的装置；国内首座在进水高有机物浓度条件下，采用双膜法工艺的短流程装置。双膜法（超滤膜和反渗透膜）工艺处理废水是国际上最为流行的废水处理工艺，膜分离技术作为新型分离技术之一，具有能耗低、条件温和、操作简单、绿色环保、分离效率高等优点，在水资源综合利用和污水回用以及其他领域有着良好的应用前景。

五、化学分离工程在我国新材料领域的作用以及近几年取得的进展

目前世界上传统材料已有几十万种，而新材料的品种正以每年大约 5%的速度在增长。新材料技术将向材料的结构功能复合化、功能材料智能化、材料与器件集成化、制备和使用过程绿色化发展。新材料的开发对分离技术提出了许多新的难题，如超高纯单一稀土的制备、性能优异的纳米材料和布基球^{60}C 的分离制备、光导纤维基材的生产等。有的分离过程需要数百、上千个理论级，有的分离过程需要在超净条件下进行，要求极为苛刻。

聚碳酸酯具有耐高温、耐化学腐蚀、光学性能优异、冲击韧性佳、蠕变小及电绝缘性能优良等优点，为高性能工程塑料。双酚 A 是聚碳酸酯的关键原料，多年来聚碳级双酚 A 生产技术一直制约着我国聚碳酸酯产业的发展。由于双酚 A 具有沸点高、凝固点高以及热敏等特性，分离与精制技术成为聚碳级双酚 A 生产过程的制约因素。中国石化集团公司天津大学石油化工技术开发中心[17]首次测定了双酚 A-苯酚加合物晶体的成核及结晶动力学参数，并成功将双酚 A-苯酚加合物结晶技术应用到双酚 A 精制过程。通过万吨级工业试验提出并验证了针对该体系的工业规模结晶器的放大设计准则，完善了细晶消除技术。同时开发出了降膜与汽提相结合的脱酚关键技术与装备，解决了一系列工程化

技术难题，开发成功了具有完全自主知识产权的成套树脂法双酚 A 生产技术，双酚 A 产品指标达到聚碳级。该技术的开发成功打破了发达国家对我国的技术封锁，具有一定的示范作用，分别于 2004 年、2005 年获中国石化科技进步一等奖及天津市科技发明一等奖。

包头华美稀土高科有限公司[18-19]在对国内外诸多稀土萃取分离工艺流程所采取的萃取体系和萃取过程进行理论和技术参数分析、研究的基础上，提出了"逆流置换萃取"的新原理，并将该原理应用于稀土元素萃取分离工艺，提出"分馏-逆流置换萃取生产高纯单一稀土工艺"的工艺方案，于 2004 年进行正式生产考核。工业试验和生产实践证明，与现行 P507 工艺相比，该工艺大幅度降低了酸碱消耗量，提高了产品质量。在生产纯度≥99.95%的 Pr_6O_{11} 的同时，可生产出纯度≥99.95% CeO_2。该工艺首次提出逆流置换萃取原理和工艺技术，并将逆流置换萃取与分馏萃取相结合，用于稀土元素的全萃取分离流程中，是稀土元素萃取分离工艺理论和技术上的一项创新；该工艺采用置换萃取分离时，相邻稀土元素的酸碱消耗为零，整个工艺流程的酸碱消耗比现行工艺流程降低 37%左右，减少了污水排放量，是稀土萃取分离工艺的重大突破；采用该工艺能一次性生产出纯度为 99.95%～99.995%的高纯单一轻稀土产品，满足了国内外用户要求，经济效益和环境效益显著；该流程工艺技术先进、产品质量优，生产成本低，拥有自主知识产权，具有国际领先水平。

另一方面，新型分离技术的发展也要求有与之相适应的性能优良的新型材料，新材料作为分离介质在分离工程中发挥着重要作用。膜分离作为绿色高效的新型分离技术，近年来得到了迅猛发展。

蓝景公司在山东某新能源企业建立了一套 3 000 t/a 高浓度无水叔丁醇生产系统，在中国石油锦州石化分公司建立了处理量 5 kt/a 的异丙醇脱水中试装置，新技术能大大降低异丙醇产品的生产成本，提高了企业的市场竞争力，创造了良好的经济效益。另外，在石化和化工生产中，催化剂的应用非常广泛，反应后一般需要对产物和催化剂进行分离。由于无机陶瓷膜具有良好的耐热、耐化学溶剂和较好的机械强度，在石化和化工生产的催化剂回收方面显现了突出的优势，已经在多个厂家得到应用。

六、化学分离工程学科发展展望

通过对化工分离工程在能源、资源、环境、材料等方面的应用和进展的介绍，可以发现近年来我国的化学分离工程学科得到了显著的发展，为高新科技和化学工业的发展，为解决可持续发展和清洁生产中遇到的各种问题，为社会主义现代化建设、国民经济发展和人民生活水平的提高贡献了力量。同时，分离工程理论和实践的进展，也体现着我国的科技实力不断增强，正在逐渐缩小和科技发达国家之间的差距，《国家中长期科学技术发展规划纲要》提出科技工作的十六字方针对于我国化学分离工程学科今后的发展具有重要指导意义。

21 世纪，分离工程面临着巨大的挑战和机遇。在未来的几年中，分离工程仍将向着简单、高效、节能、环保的方向发展，现有分离技术得到进一步的优化，同时新型分离技术和耦合分离技术将不断出现和日臻完善，并逐步应用到更广阔的领域之中。这就要求我国的科学研究和工程技术人员要以清洁生产和可持续发展为核心，加强应用基础研究，致力原始创新和源头创新，开发具有自主知识产权的新方法、新工艺、新设备、新材料、新软件，使分离技术水平持续提高，更好地服务于我国的现代化建设。具体应特别关注以下方向：①过程强化技术；②过程合成技术；③使能技术；④膜分离技术；⑤热敏性分子分离纯化技术；⑥手性化合物和同分异构体分离纯化技术；⑦超纯精制技术；⑧新型分离介质制备技术；⑨深度集成复合分离技术。

参考文献

[1] 张鹏，刘春江，等. 规整填料塔内气相流动的计算流体力学模拟. 天津大学学报，2005，38(6)：503-507.

[2] 方向晨，程振民，等. 以填料结构为模型参数的填料塔泛点预测新方法. 华东理工大学学报：自然科学版，2006，32(4)：370-373.

[3] 李娟，余浩，等. 分子筛脱蜡模拟移动床工业过程的模拟计算与分析. 南京工业大学学报，2005，27(6)：46-51.

[4] 王保国，陈翠仙，等. 有机溶剂分离膜结构和膜材料设计理论研究. 膜科学与技术，2004，24(5)：51-57.

[5] 2005年中国高校十大科技进展. 中国教育报，2006-01-09(7).

[6] 田昀，张敏华，等. 水在3A分子筛上吸附和扩散平衡的研究. 石油化工，2004(33)：932-936.

[7] 己内酰胺装置扩能用新型转盘萃取塔技术通过鉴定. 石油炼制与化工，2004，35(11)：59.

[8] 钱伯章. 抽提蒸馏分离芳烃新工艺打破国外垄断. 天然气与石油，2006，24(2)：54.

[9] 大型乙烯装置汽油急冷关键技术通过鉴定[EB/OL]. 国家科技成果网. http://www.nast.org.cn.

[10] 王辉国，王德华，等. 国产RAX-2000A型对二甲苯吸附剂小型模拟移动床实验. 石油化工，2005，34(9)：850-854.

[11] RAX-2000A型对二甲苯吸附剂通过技术鉴定. 工业催化，2006，14(7)：48.

[12] 使用单层分散型CuCl/分子筛吸附剂分离一氧化碳技术. 中国高校科技与产业化，2006(1)：42.

[13] 吴济安，刘静等. 可资源化烟气脱硫技术与发展. 中国科技产业，2006(2)：53-56.

[14] 张文辉，刘静等. 活性焦烟气脱硫技术研究. 洁净煤技术，2004，10(4)：55-59.

[15] 非皂化混合萃取剂萃取分离稀土新工艺通过鉴定. 稀土信息，2006(2)：30.

[16] 大庆炼化建设国内最大炼油污水处理装置纪实[EB/OL]. 新华网. http://www.hlj.xinhuanet.com.

[17] 树脂法双酚A生产新工艺. 技术报告(天津市科学技术奖)，2005，10.

[18] 亢璟轩. 包头华美稀土高科有限公司“分馏—逆流置换萃取生产高纯单一稀土工艺”通过技术鉴定. 稀土信息，2005(1)：37.

[19] 包头华美公司稀土萃取新工艺具有世界领先水平. 新材料产业，2005(2)：81-82.

撰稿人：张敏华　姜忠义

萃取分离工程的新进展

一、引言

化工、炼油、制药等现代过程工业是大型化、高效率、高利润产业，也是国民经济的支柱。但是，在创造大量财富的同时，也往往存在高物耗、高能耗和高污染的问题，成为建设资源节约型和环境友好型经济瓶颈之一。

随着现代过程工业的发展，产品不断更新，环保要求日益提高，建设生态经济和实现可持续发展的要求更为迫切。因此，人们力图灵活应用化学工程的原理和方法，致力于过程强化(Process Intensification)，即通过技术创新，改进工艺流程，提高设备效率，使工厂布局更紧凑，单位能耗更低，三废更少。所以，过程强化是国内外化工界长期奋斗的目标，也是化学科学和工程研究的主要成果之一[1-3]。

化工过程和设备强化是实现既定生产目标的前提下，通过大幅度减小设备尺寸、减少装置数目等方法使工厂布局更紧凑、单位能耗更低和副产品更少。相对传统的化工过程和设备，这些新装置和新工艺能大幅度提高生产效率、降低生产成本、提高安全性和减少环境污染。随着现代过程工业的发展，产品不断更新，环境控制更为严格，并对过程的技术经济指标提出了越来越高的要求，这些相对过程强化提出了更高的要求。

化学工程联合国家重点实验室(清华大学)长期以石油化工为主要研究对象，面向资源、环境和材料等领域，致力于基础理论研究和技术创新，开展了多分散体系分子模拟、萃取过程与设备、超临界流体、膜分离及多过程复合技术等研究。近年来，在萃取设备改造、萃取新工艺以及微混合装置等方面取得了重要的成果。

二、萃取设备的强化——改进型转盘塔

化学工程联合国家重点实验室(清华大学)在长期从事转盘塔的流体力学和传质特性的研究的基础上，近年来进一步运用计算流体力学软件模拟(CFD)的转盘塔内的流场，并用一维激光多普勒仪(LDV)测量了转盘萃取塔内的速度场，以验证 CFD 模拟计算的结果。为了抑制转盘塔内的级间返混，提高传质效率，提出了改进型转盘塔内的发明专利(简称 NRDC，如图 1 所示)，即在转盘塔内的固定环平面增加筛孔挡板以抑制轴向返混。从速度场的测量和计算流体力学模拟的结果来看，增加筛孔挡板后可以有效地抑制沟流和级间漩涡流动，增强级内混合，促进相间传质。传质实验结果表明，安装挡板的改进转盘塔传质效率提高了 20%～40%，而处理能力大致相当[4-5]。

中国石化下属某分公司在对 20 世纪 90 年代初从荷兰 DSM 引进的己内酰胺装置扩能改造时采用了这一成果，使生产能力由原设计的 50 kt/a 提高到 70 kt/a。该塔内径 1.9 m，在原设计负荷下操作时塔底部己内酰胺含量超标。采用本专利对该塔进行了技

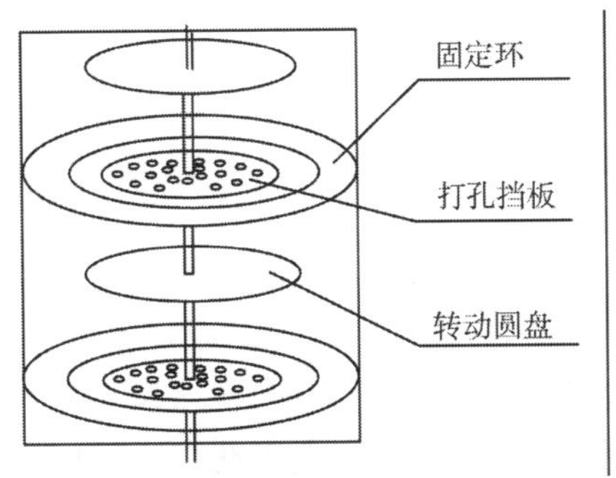

图 1　改进型转盘塔结构

术改造后，不仅使该塔的生产能力比原设计提高 40%，而且塔底己内酰胺含量也有所下降，由设计值 0.5%降低到 0.2%～0.3%[6]。

由于在技术改造中可以利用原有的转轴和转盘，而只需要在适当部位的固定环面上增加筛孔挡板，因此投资少，技术风险小。此项专利可望在润滑油精制、精细化工、溶剂回收和环境保护等萃取塔中得到推广应用，特别适用于已有转盘塔的技术改造。

三、甲苯法己内酰胺萃取新工艺[5]

己内酰胺是重要的化纤单体和有机溶剂，国内市场长期处于供远小于求的局面。采用 SNIA 工艺，以甲苯为原料生产尼龙 6 单体-己内酰胺。该工艺的粗己内酰胺中含有复杂、大量的副产品和中间产物，纯化和精制水平很大程度上决定了产品的成本和质量。

溶剂萃取是粗己内酰胺纯化过程中最关键、最有效的步骤，决定了产品的成本和品质。常用溶剂为苯和甲苯。国内外对 SNIA 法己内酰胺萃取过程的研究很少，生产中使用的甲苯对己内酰胺的萃取能力弱，直接导致操作费用和溶剂再生能耗增加，同时，粗己内酰胺在甲苯萃取后经十余步精制后仍很难达到优级品的标准，不能适应高速纺丝的要求。

化学工程联合国家重点实验室(清华大学)与石家庄化纤有限责任公司合作，开展了甲苯法己内酰胺萃取过程的研究，开发了基于新的混合溶剂萃取新工艺，新工艺使用新的混合溶剂作为己内酰胺萃取剂，与甲苯相比，具有分配系数高、选择性强、操作性能好的优点；同时，混合溶剂的沸点低，回收容易。

本技术在石家庄化纤有限责任公司 50 kt 己内酰胺/年的生产装置上完成了工业试验。新工艺的工业应用取得了如下经济技术指标：萃取单元总收率提高 0.6%；溶剂再生能耗减少 50%以上；单元萃取处理能力超过 80 kt/a 己内酰胺；双塔串联萃取能力超过 120 kt/a 己内酰胺；反萃后己内酰胺水溶液浓度由 30%提高到 40%以上，三效蒸发能力提高 50%以上；己内酰胺产品的光密度由 0.07～0.08 下降到 0.05 左右。

本技术在国际上首次成功地实现了采用混合溶剂的己内酰胺萃取工艺的工业应用，技术方案新颖，研究成果有创造性，在己内酰胺萃取领域属国际先进水平，为解决己内酰胺产品质量问题、节约能耗物耗、提高现有装置能力奠定了坚实的基础，对发展甲苯法生产己内酰胺生产工艺、形成具有自主知识产权的专有成套技术具有重要的推动作用。

四、微结构设备

工业装置的小型化是化工过程强化的重要手段之一。目前的研究工作主要在于微混合器,微反应器,微萃取器等方面,微设备能从传质面积和传质系数两方面提高传质过程,缩短停留时间。但由于微设备处理量低,加工困难以及堵塞问题,限制了它的进一步应用。如何发展新型高效微型反应和分离设备为微化工系统的主要分支[6]。

借鉴膜法制乳技术,化学工程联合国家重点实验室(清华大学)提出了膜分散萃取的概念[7-8]。由于液—液两相体系的复杂性,关于其在微结构设备内流动和混合行为的研究尚处于起步阶段。到目前为止,有关微结构设备内液—液两相流动与混合性能研究还未见综述性报道。

化学工程联合国家重点实验室(清华大学)开展了一系列的基础研究工作,在微结构设备内液—液两相流动与混合、反应及传质性能等方面取得了一定的研究进展,证明微结构设备可提供比传统萃取过程大得多的接触面积,大大提高传质速度,减小停留时间;具有混合尺度可控、混合高效的特点,可以有效地克服传递对反应和分离过程的影响。该高效微混合器在萃取分离、原油预处理、油品碱洗和纳米颗粒制备过程均有着很好的应用前景。

微结构混合器在化学、生物、材料以及化工等诸多方面表现出了高效、安全可靠、灵活易控等优势,在多相流动和混合过程的应用将对微化工过程的发展和成熟具有重要的意义。

化学工程联合国家重点实验室(清华大学)与企业合作研发出具有我国自主知识产权,在水循环、节能、产品质量保证等方面更具优势的膜分散技术,建成 100 kt/a 的“膜分散微结构反应器制备纳米碳酸钙”的工业化装置,产品平均粒径 30～50 nm。2005 年 10 月投产使用,2005 年 12 月通过了国家级鉴定,这是膜分散微结构反应器制备纳米碳酸钙技术首次在我国实现工业化生产。

微结构混合器在化学、生物、材料以及化工等诸多方面表现出了高效、安全可靠、灵活易控等优势,在多相流动和混合过程的应用将对微化工过程的发展和成熟具有重要的意义。由上述微结构混合器液—液两相流动和混合性能的研究情况可以看到:

(1)微结构混合器的混合性能与传统混合器相比具有明显的优势,完全混合时间可以在毫秒量级。对于液—液非均相体系,微混合过程能够大大缩短相间传质的时间,微混合可以通过液—液无相分散微接触、液柱分散和液滴分散来实现。

(2)液—液两相混合过程是化学工程领域中常见的也是极为重要的一个过程,但由于多相流动行为的复杂性,关于其中基本规律的研究还处于初级阶段;由于在微结构混合器内流体流动、表面性质、表面结构以及通道内微结构均对两相流动行为有较大的影响,但对这方面的认识还不够深入,因此在对微结构混合器内两相流动与混合过程的研究中,应该更多地注重基本规律的研究,通过加深对基本规律的认识来实现混合尺度的调控。相信随着研究的不断深入,会有更多形式的微结构混合设备出现。

(3)在微结构设备内可以简单和方便地调控两相流动类型,控制传递和反应过程,这一技术在食品工业、微化学分析、微反应及传质过程和微生物工艺均有着很好的应用前景。

(4)针对微结构设备内两相混合行为的表征方法也会因为微化工过程的发展而得到发展,其中模拟计算与实验测试技术相结合的方法应该成为更有效的手段和方法,它的发展将可能为微型设备的工业应用提供基础。

参考文献

[1] AMUNDSON N R, et al. Frontiers in Chemical Engineering. Washington, D.C.: National Academy Press, 1988.

[2] STANKIEWICZ, A I, MOULIJN J A. Process Intensification. Ind. Eng. Chem. Res., 2002, 41(8): 1920-1924.

[3] 费维扬.过程强化的若干新进展.世界科技研究与发展,2004,26(5):1-3.

[4] 费维扬,任钟旗.萃取塔设备强化的研究与应用.化工进展,2004,23(1):12-16.

[5] 一种从酰胺油中萃取提纯己内酰胺的方法:中国,CN 200410078321[P].

[6] 骆广生,徐建鸿等.微结构设备内液—液两相流行为研究及其进展.现代化工,2006,26(3):19-23.

[7] 一种膜分散式萃取器:中国,CN 00105779[P].

[8] 一种膜分散制备超细颗粒的方法:中国,CN 01115332[P].

撰稿人:秦炜　骆广生

化工系统工程的研究现状与发展

一、引言

我国化工系统工程的研究与应用从1973年开始起步，作为系统工程、化学工程、自动控制、计算机技术、管理科学等交叉的综合性学科，其目的是在总体上达成技术与经济上的最优化，达到对化工系统的最优设计、规划、决策、控制和管理，并符合可持续发展的要求。1981年日本京都召开的第一届国际过程系统工程(PSE)学术会议标志着这一学科的正式成立，我国的系统工程学会过程系统工程专业委员会也于1991年正式成立。过程系统工程研究领域包括化工过程中的设计、生产、控制和管理等各个环节的所有方面。其目标要求进一步创新和发展一种科学基础，为上述过程提供认识并发展一系列手段，使之符合新的社会和经济的目的与限制，包括：对化学、物理内在现象的新表述，有效的计算理论和方法以及先进的工程专业知识和评判标准的组合和扩展。其目的就是新过程(过程合成)的创造或发明，以及通过系统性能的预测(建模与优化)而实现决策的最优化。在几十年的发展过程中，随着过程工业研究对象的发展、变化以及化学工程、过程控制、计算机科学等相关支撑学科技术的发展，出现了以下几个重要的发展变化：

(1)过程系统工程的研究对象正在由传统的介观向微观和宏观两个方向延伸，小到以分子模拟为手段的产品设计，大到供应链管理的优化和生态系统，均已成为研究的热点；

(2)从全生命周期分析的化学供应链集成角度出发，提出了绿色过程系统工程的概念。即以建立环境友好的、可持续发展的化工过程或产品为目标，从传统的“三传一反”深入到分子层次，并延伸到生态层次，是现代过程工业由工程基础向科学基础、由经济效益为主向经济—资源—环境并重、由过程工程向产品工程转变的要求，代表21世纪系统工程发展的方向和趋势；

(3)人工智能技术在化工过程系统中得到广泛应用，以神经网络、模糊数学、专家系统、进化计算等为代表的智能方法已普遍应用于化工过程建模、诊断、综合、控制与管理中，成为过程系统开发、设计的得力工具。

二、化工过程模拟技术

(一)过程模拟的研究现状

模拟技术是系统工程最为成熟和实用的技术，从其应用角度来说，主要包括稳态过程模拟和动态过程模拟。

稳态过程模拟技术经历了20世纪五六十年代的起始期、70年代的发展期和80年代的成熟期，以美国 Aspen Tech 公司的 ASPEN PLUS，Simulation Sciences 公司的 PRO/Ⅱ，

Honeywell公司的UNISIM(原Hypro Tech公司的HYSIM)软件为代表的模拟工具在过程分析、设计以及参数优化中广泛应用。目前对于石油馏分和烃类物质的计算已经相当准确、可靠,除非某些反应自身具有新的反应机理或需要新的分离技术,稳态模拟技术已经在很大程度上达到了无需小试、中试,模拟结果可直接用于工业装置设计的程度。目前稳态模拟工具已在过程工业中随处可见,在规模上可实现包含上百万个方程的工艺流程图模拟,其模拟精度和预测能力已被工程师广泛接受和应用。

动态过程模拟的发展滞后于稳态模拟,在20世纪90年代后获得了长足进展和应用,在涉及间歇过程、连续过程的开停车、连续过程本征参数依时变化、控制系统的合成、过程系统局部与全局特性分析以及利用人为非定常态操作(如变压吸附、变温吸附、化学反应器强制周期操作等情况)来强化过程系统性能和实现技术目标等问题时,动态模拟技术凸显出其重要意义。当前国外推出的各种动态模拟软件均是基于严格的机理模型,因而它可以较准确地模拟许多化工过程,进行先进系统控制设计、开发动态仿真软件、模拟开停车过程、进行事故状态分析研究等等。其模型形式是一组代数—(偏)微分方程组,这种面向方程的形式可采用通用的求解算法,但模型收敛性对初值要求较高。现在包含100多个微分代数方程的系统已经在线性动力学模拟和控制中得到实现。

在目前单元流程模拟技术比较成熟的情况下,根据实际应用的要求,还出现了一些新的发展方向,主要包括:

(1)过程模拟与流体力学、分子模拟的结合　随着人们对各种过程更深层次的理解和认识,以及实际工业设计的需要(如需掌握设备内的流体动力学形式以进行更精确的设备结构设计),多尺度建模已经成为重要的理论方法和研究热点。计算流体动力学(CFD)、计算分子科学(CMS)、分子模拟(MS/MD)等与过程模拟的结合将有助于人们从微观角度更为深刻地理解和分析宏观过程本质,因此,把具有分布参数的单元操作模型与过程模拟相结合,开发、应用考虑传递过程的非平衡级模型,以深刻理解反应过程的微观层次,具有重要的意义。同样,多组分多相复杂体系及大分子体系的不同层次的模拟与优化则会在材料、生物及产品工程中发挥更大的作用。目前有关CFD与过程模拟结合的研究较少,在现有的研究中,按照CFD与过程模拟结合的方法可分成两类:多分区模型与混合多分区/CFD模型。多分区模型考虑了过程设备中混合的非理想性,将过程设备分成多个理想混合区域,并彼此相连成一网络,改善了计算的精确度,而且计算量的增加也相对较小[1]。混合多分区/CFD模型则通过数据在分界面上的分解与整合,实现CFD模型与多分区模型间的数据交流,改善了多分区模型难于表征相邻分区间质量和能量流率的问题[2]。分子模拟技术则在分子筛催化剂、高分子材料以及油品添加剂等方面得到了广泛应用,可通过选择更合理的研发途径,更快地进行新分子筛催化剂的改性和开发,高分子材料的合成及改性以及油品添加剂新产品的研制,减少实验工作。国内还未出现MS与过程模拟相结合的公开报道。

(2)过程模拟与绿色化学化工的结合　作为与科学技术和工业事件紧密结合的模拟技术,不仅在时空尺度上向多尺度的研究方向发展,其研究也向着环境影响和经济效益并重的方向发展。绿色模拟技术不仅仅是在传统模拟技术的基础上引入环境影响因素,更重要的是其学科基础也从宏观层次的“三传一反”深入到分子层次、介观层次以及生态层次。目前的方法是将过程模拟软件与环境评价体系集成起来，如废物消减算法[3]是比较经典的方法，算法中考虑了包括臭氧层消耗、人体毒性到生态毒性的9个潜在的环境指数，目前也实现了与其他模拟软件工具的连接。此外，还有环境危害和风险评价工具[4]，实现了与HYSYS软件的集成，较好地用于从废气中回收挥发性有机化合物过程的分离技术的选择和过程操作条件的优化。

(3)过程模拟与智能方法的结合　实际问题的模型化还需要许多模糊信息的支持，这些信息可能源于工程实践的经验、文献、专利等。如Bugaeva等[5]将专家系统用于气体净化过程的选择、模拟和开发，将智能的模拟系统与传统的基于物理化学原理的模型以及实验研究相结合，使过程的计算更为容易，结果更为准确。Feng等[6]将模糊专家系统用于实时过程监控和事故预防中，将模糊信息嵌入到过程操作模型中，使得这种动态的过程更易于处理。Neumann等[7]将神经网络用于化工厂危险状态的早期诊断和鉴别。作为一种智能算法，神经网络能够很好地将源于物理化学性质的数学模型同智能技术相结合，从而得到更易于收敛的计算结果[8-9]。因此，研究基于智能方法和机理模型相结合的过程模拟的基本理论和方法具有重要的意义[10]，这样的结合使得过程系统集成更容易实现模型化和易于求解。

(二)未来过程模拟技术的发展目标与前景

多尺度过程的集成模拟是模拟技术的必然方向，建模与优化从过程单元和设备的水平层次上，向两个相反的方向——分子和企业两种层次上深入、延伸，即从分子水平向原子和量子的尺度过渡，从企业装置的规划和调度向供应链管理的优化发展。在发展统一化学供应链所有环节的数学模型时，主要的困难在于各环节在空间尺度、时间尺度以及化学物种数目上的巨大差异；另外，在更长尺度上可能发生基本模型无法预测的新情况。未来20年发展的主要挑战将是如何更好地理解在巨大的空间和时间跨度下化学供应链的内在结构和信息流，以及如何为其模拟和优化发展新的数学模型和方法。

三、化工过程控制技术

(一)过程控制的研究现状

随着工业发展的技术和要求，先进控制(APC)系统不但要保证系统的稳定性和整个生产的安全，满足一定的约束条件，而且应该带来一定的经济效益和社会效益。因此，在过程工业的应用中，满足实际工业过程特点的控制系统得到了大量推广。这类控制系统对模型要求不高，在线计算方便，对过程和环境的不确定性有一定适应能力的控制策略和方法。例如，自适应控制系统、预测控制系统、鲁棒控制系统、智能控制系统等先进控制系统，并已经成功应用在炼油生产过程的常减压装置、催化裂化装置、加氢催化重整装置、延迟焦化装置，乙烯生产过程的裂解炉、乙烯精馏单元、丙烯精馏单元，PTA生产过程的氧化单元与精制单元，以及芳烃、聚丙烯、聚乙烯的生产过程中。

1. 生产装置实施先进控制成为发展主流

受到经典控制理论和常规控制的限制，难以处理工业过程中存在的耦合性、非线性和时变性等问题。随着企业提出的高柔性、高效益的要求，上述控制方案已经不能适应，以多变量预测控制为代表的先进控制策略的提出和成功应用以后，先进控制受到了过程工业界的关注，生产装置实施先进控制成为发展主流。目前预测控制技术的研究主要集中在解决系统非线性、鲁棒性设计以及智能方法的融合。

2. 软测量技术理论体系逐渐成熟

由于在线分析仪表（传感器）不仅价格昂贵，维护保养复杂，而且由于分析仪表滞后大，最终将导致控制质量的性能下降，难以满足生产要求，还有部分产品质量目前无法测量，这在工业生产中实例很多，例如精（分）馏塔产品成分，反应器中反应物浓度、转化率、催化剂活性等。近年来，为了解决这类变量的测量问题，各方面在深入研究，目前应用较广泛的是软测量方法——以软件来代替硬件（传感器）功能。这类方法具有响应迅速，连续给出主导变量信息，且具有投资低、维护保养简单等优点。著名国际过程控制专家Mcavoy教授将软测量技术列为未来控制领域需要研究的几大方向之一，具有广阔的应用前景。

软测量技术主要内容有：机理分析与辅助变量选择、数据采集和预处理、软测量模型建立、在线校正、实施及评价。核心问题是建立待估计变量与其他直接测量变量间的关联模型。目前，软测量建模方法一般可分为：机理建模、回归分析、状态估计、模式识别、人工神经网络、模糊数学、基于支持向量机（SVM）和核函数的方法、过程层析成像、相关分析和现代非线性系统信息处理方法等。这些方法都不同程度地应用于软测量实践中，具有各自的特点及适用范围[11]。

3. 故障检测、预警与诊断技术日益重视

故障检测与诊断技术是发展于20世纪中叶的一门科学技术，是指对系统的异常状态的检测、异常状态原因的识别以及包括异常状态预测在内的各种技术的总称。随着现代工业及科学技术的迅速发展，生产设备日趋大型化、高速化、自动化和智能化，系统的安全性、可靠性和有效性日益变得重要化和复杂化，故障检测与诊断技术也愈来愈受到人们的重视。

故障诊断技术的开发涉及多门学科，如现代控制理论、可靠性理论、数理统计、模糊集理论、信号处理、模式识别、人工智能等学科理论。基础方法有三种：基于解析模型的方法，基于信号处理的方法和基于知识的方法[12]。经过十几年的迅速发展，已经出现了基于各种不同原理的新方法，如基于灰色理论的故障预报、基于神经网络的时间序列预测、基于粗糙集的方法、基于Petri网的方法以及基于模糊理论的预测和基于混沌的时间序列预测等。同以前相比，这些方法不论是检测性能、诊断性能，还是鲁棒性都有很大提高，而且对于线性时不变系统已经形成了相对较为完整的体系结构。

4. 传统的DCS走向国际统一标准的开放式系统

自1975年第一套分布式工业控制计算机系统诞生以来，发展迅速，到目前已经是第四代DCS，新一代DCS系统已经超越了控制工程的范围，而是一套集成化的综合控制和信息管理系统[13]。其主要特征是：集成和信息化，能够实现全厂实时控制和PCS、MES、ERP层的信息集成；不再限于过程控制，而是全面提供连续调节、顺序控制和批处理控制，实现混合控制功能。支持各种现场总线规约，包容 FCS 的多种产品，并且现场信号处理组件也采用集成方式，实现小型化、智能化、分散化和低成本。从几个不同的系统层面实现了开放，体现在 DCS 可以从三个不同层面与第三方产品相互连接：在企业管理层支持各种管理软件平台连接；在工厂车间层支持第三方先进控制产品、SCADA 平台、MES 产品、BATCH 处理软件，同时支持多种网络协议（以以太网为主）；在装置控制层可以支持多种 DCS 单元（系统）、PLC、RTU、各种智能控制单元等，以及各种标准的现场总线仪表与执行机构。

5. 综合自动化系统（CIPS）是发展方向

过程工业自动化在 20 世纪 90 年代以前仍是自动化孤岛模式。进入 90 年代，企业把提高综合自动化水平作为挖潜增效、提高竞争能力的重要途径。集常规控制、先进控制、过程优化、生产调度、企业管理、经营决策等功能于一体的综合自动化成了当前自动化发展的趋势。在一些综合自动化系统中，底层控制系统的功能非常先进，高层 ERP 系统的功能也相当完整，但应用效果并不理想。尽管综合自动化系统应用不成功的因素是多方面的，但缺乏面向制造过程的 MES 来连接底层的控制系统和高层的经营/计划/决策系统是关键性的因素之一。

（二）过程控制技术的发展目标与前景

1. 智能化控制方法研究

复杂工业过程一直以来都在渴望着一种新的理论和方法能够实实在在地解决工业现场中实际问题，要求工业过程控制对被控对象模型要有“学习”和“识别”能力，对环境和扰动的变化要有“适应”和“鲁棒”能力等等。智能化的控制方法研究则适应了上述要求，包括两个层次的内容：控制器的性能监控与自动维护；仿人智能方法与控制理论的结合等。

2. 控制与优化一体化技术的集成

发展过程控制与优化的一体化技术，将更加注重于过程控制相关技术的有效集成和整体优化。在纵向层次，将优化策略贯穿于包括计划调度、生产管理、装置操作等各个层次，通过分解协调策略将各个层次集成一个体系。在横向上，其控制范围涵盖整个流程，在各装置单元先进控制的基础上，通过分解协调策略解决各个装置单元之间的耦合，形成全流程的优化控制。由于涵盖了多种时间尺度、多种空间尺度、多种信息来源，既存在本质的分布式特征，又具有不同功能单元之间的关联耦合，一体化控制将体现过程控制研究的整体性。

四、化工过程优化技术

近几年由于能源消耗的猛增、更加严格的环境限制和立法、产品价格和质量竞争日趋激烈，我国的化学工业在技术上有了明显的进步。其中一个精确反映此中变化的重要工程工具便是优化。优化已经成为过程系统工程领域的主要研究对象，并开始由学术研究方法论转向影响工业进程的科技手段。20世纪90年代，随着计算机技术的迅速发展，复杂大系统的分析和综合成为可能，过程系统工程和优化技术得到更为深入广泛的应用。

优化是使用专门的方法来确定最优的成本，并对某一问题或某一过程的设计进行有效的求解方法。优化问题可以有多种分类，优化问题可由问题中变量的类型分为离散变量优化、连续变量优化以及混杂变量优化。解决相应问题的优化算法包括线性规划，非线性规划，智能优化方法，约束逻辑规划，混合整数规划，混合整数非线性规划等。

从过程系统工程学科的角度出发优化覆盖的领域包括，过程设计与综合领域的优化，供应链管理领域的优化和过程操作领域的优化。

过程设计与综合领域的优化主要集中在化工过程分析与综合，这方面研究新成果越来越体现其实用性，主要优化对象为换热网络，质量交换网络，精馏分离序列等。

化工领域的供应链管理(SCM)的优化源于20世纪90年代以来国际石油和化工制造业面临的新挑战。企业要想提高竞争力，提高生产和销售效率，就是要提高供应链各环节的效率，对供应链进行动态优化，将所需数量和质量的产品，以最快的速度送到客户的手中。近年来国内供应链管理领域的优化进展不大，主要研究对象还是石化企业的生产调度，主要优化手段还仅限于线性规划和非线性规划。

过程操作领域的优化可以算作国内这几年来优化研究中的重中之重。

经过几十年的发展应用，序贯模块法与联立方程法成为当前过程工业建模的主要方法。随着工业发展，模型对象日益庞大，方程模型的变量和方程数量呈几何增长。联立方程法实现通用化比较困难，合理有效的组织、维护大量的变量与方程(稀疏)十分困难，难以继承已有的单元操作模块。邵之江等在混合自动微分算法[14]，rSQP算法[15]，基于自动微分的灵敏度分析[16]，基于rSQP和自动微分的化工过程操作优化[17-18]等方面进行了大量研究工作，研究了联立方程法及其拓展技术基础上的结构化和面向对象的开放方程建模[19-20]，应对复杂过程系统建模优化软件的需求的面向服务的开放架构的应用模式[21]，以及大规模非线性优化软件包UniOptima[22]。

在实际生产过程中，由于稳态工作点的迁移、控制系统操作变量达到约束边界、执行机构故障、操作人员干预造成自由度变化等，需根据系统当前状态相应地调整控制目标，按照复杂工业过程的多目标分层优化设计要求计算出当前系统最佳工作点。颜学峰等人[23]提出的智能多目标稳态优化算法采用分层方法，可在线调整预先设置好的优先级，并根据优先级的不同，依次满足不同的控制目标、经济目标。应用约束条件自适应逐步外延的自适应优化策略(AOS)和智能差分进化算法(IDE)对芳烃异构化反应过程(AHIP)进行调优，获得满意的结果。约束条件自适应逐步外延的AOS充分考虑了ANN模型外延性能较差和大型工业装置安全平稳运行的要求，寻优过程仅对样本空间上下限进行较小的放大，保证了寻优结果的可靠性和调优过程生产的稳定，并通过逐步外延策略将装置平稳的移到最优操作点上。

对于化工动态操作优化问题，现有数值解法不能有效求得最优解。而对于组合优化问题，蚁群算法有其独特的优势，因而化工界研究人员进行了大量研究。陈德钊等在这方面的研究成果有：序贯执行蚁群算法[24]，进化规划—蚁群优化算法[25]，连续约束蚁群优化算法[26]。另外，秦建华等[27]提出了智能蚁群算法。

反应工程方面，黄琦等[28]对环氧乙烷合成反应器的管外沸腾水温度时间策略进行优化，得到最优沸腾水升温曲线，从而提高了环氧乙烷反应的经济效益。基于神经网络—遗传算法优化工艺操作条件也层出不穷[29-30]。

软件应用方面，杨善升等[31]将 DMOS 工业优化软件成功地应用于柴油加氢精制装置及丙烯腈反应装置的生产优化。

复杂化工生产过程的操作优化是目前我国化工领域面临的最棘手、最迫切解决的问题之一。对工业装置生产操作条件的寻优过程，是一个对高维、高度非线性、且存在众多局部极值点的复杂系统寻找全局最优点的过程。对于复杂过程对象的优化命题，由于目标函数复杂性，通常无法利用解析方法求得问题最优解。钱锋等人[32]结合进化算法等智能优化算法，实现大型 PTA 生产过程中 PX 氧化反应过程优化操作。颜学峰等人[33]针对启发式全局优化算法存在“早熟”、求解时间太长以及局部搜索能力低等缺点，以实数编码、线性交叉的遗传算法为基础，提出一种优选优生进化算法，实现了常减压塔的操作优化。杜文莉等人[34]提出一种自适应差分进化算法实现了 PTA 结晶生产过程中的优化。吴凯等人在石化领域应用 HYSYS 软件进行稳态、动态模拟，得出相应的最佳操作条件[35]，其优化结果既可用于离线指导实际生产操作，保证装置的产品质量，也可为在线优化控制打下基础。

反应条件优化方面，主要是通过正交实验得到优化的工艺条件[36-38]，亦有将正交设计方法应用于分离技术的[39]，另外也有针对正交设计的局限性，采用人工神经网络对正交实验数据建模得出最佳反应工艺参数[40]，有大量研究运用均匀设计和回归分析方法优化实验工艺[41-43]。也有在以往经验范围内，在其他条件固定的情况下，对影响反应的各个变量分别进行取优，最后得到反应的最佳工艺条件。这种方法广泛存在于化工实验研究中[44-46]，然而所有元素的局部最优解的总和并不可以保证一定是全局最优解，这方面在未来还期待更多研究。

五、化工过程综合与集成

过程集成的研究始于 20 世纪 70 年代末，最初主要用于系统节能，并发展了用于换热网络分析和设计的系统方法——夹点技术，在过程工业领域得到广泛应用。大量的工业实践表明夹点技术对提高系统能量利用率、降低投资和操作成本等具有重要的作用。在换热网络的集成思想和夹点技术的基础上，其应用领域逐步扩展到提高原料利用率、降低污染物排放和过程操作等方面。目前过程集成的尺度主要在宏观范围内，其最简化的层次是单一生产过程内的集成。其次，是把不同工艺过程之间的能量及物质集成统一起来考虑，构成企业级的过程集成。过程集成的最高层次是要考虑过程工业与社会、环境的协调发展，形成生态工业。其中，过程和企业水平上的集成较为成熟。相比之下，工业生态化的过程集成研究则处于起步阶段。

（一）过程综合与集成的研究现状

目前过程集成泛指从系统的角度进行设计优化，将化工系统中的物质流、能量流和信息流加以综合集成，为过程的开发提供直接的方法和工具支持。在这种情况下，一些新的过程集成的概念和技术被提出，如质量交换网络、考虑环境影响的过程集成、多联产系统、工业生态化以及化学供应链集成等。下面将从企业内部和企业间的过程集成两个方面进行阐述。

1. 企业内部过程集成的研究进展

(1)热力学目标法

主要包括夹点分析法和㶲经济调优法。

①**夹点分析法** 夹点技术已从最初应用的换热网络，逐渐扩展到包括反应、分离和公用工程的整个过程系统，并发展成为一种过程系统能量集成方法，在指导热泵、热机和单塔改造方面也具有重要的意义。20 世纪 90 年代以来，夹点技术思想推广到质量交换网络中，逐渐发展成了一种质量综合手段，并相继提出了废水最小化的夹点设计方法、氢夹点分析技术等。AspenTech 已推出了相应的节水软件包 Aspen Water，大连理工大学在这方面做了许多工作，在水夹点技术[47-48]、全局能量集成[49-52]和用水与用能同时最小化[53]等方面取得许多研究成果。

②**㶲经济调优法** 㶲分析与技术经济学相结合而产生的㶲经济学(Exergy-economics)定量地研究了有效能的性质。华贲等[54-55]将应用于能量转换系统的㶲经济学方法首次成功应用于全过程系统，提出的“过程系统三环节能量流结构模型”总体概括了过程系统的能量结构，以此结构可对任何过程系统分层次进行能量分析和㶲分析。准确指出用能改进的潜力与方向。近年来，由于对算法研究的深入，使得多目标规划技术取得了较大进展，从而使得这一方法在化工过程环境影响最小化中逐渐得到应用。王彦峰和冯霄[56]提出了新的 Exergy 分析方法并把它扩展到资源利用和环境影响同时兼顾的基础上。王加璇等[57-59]利用网络热力学方法把 Exergy 和生态系统结合起来进行了有益的理论探索。但由于其计算过程和实际工程体系的复杂性，其实际应用受到了限制。

(2)数学规划法

20 世纪 80 年代的数学规划法主要采用混合整数线性模型(MILP)，即用转运模型确定最小公用工程用量，用混合整数线性规划法确定最少换热单元数。90 年代后，超结构模型成为一种新的研究热点，即先建立一包含所有可能流程的结构模型，再用混合整数非线性规划法(MINLP)求解，从考虑问题上看具有更大的合理性。数学规划法的优点是能将反应、分离、公用工程及换热网络各部分同时优化，得到数学上的最优解，但是，对于规模较大，设备单元较多的装置，由于会出现组合爆炸现象，此外模型复杂性使得用一般的优化算法求解十分困难，该方法在实际应用中受到一定的限制。

(3)混合方法

为了克服上述方法存在的弊端，出现了各种混合方法。如：层次分解法和数学规划法的结合[60]，夹点技术与数学规划法的结合[61]。此外，还有人工智能方法与夹点技术的结合、直观推断法与智能方法的结合等。

过程集成主要从下表的几个方面考虑[62]。

表　过程集成的应用

改善自然资源的有效利用	产品高选择性 高转化率 使用环境友好溶剂 用可再生资源代替不可再生资源 副产品再生循环利用 氢气资源利用与管理 有毒物质为较少毒性物质让路 毒性物质就地生产
改进能源利用效率	复杂精馏过程的集成 热交换网络集成 公用设施和热电联产系统的能量转化
减少排放和废物最小化	水网络的设计 反应器网络的设计
改善过程操作	

2. 企业间过程集成的研究进展[62]

(1)工业代谢分析(Industrial Metabolism,简称IM)是把原材料和能源以及劳动在一种(或多或少)稳态条件下转化为最终产品和废物的所有物理过程完整集合。与以往的系统分析方法的不同之处在于,它以环境为最终的考察目标,追踪资源从提炼到经过工业生产和消费体系后变成废物的整个过程中物质和能量的流向,给出系统造成污染的总体评价,并力求找出造成污染的主要原因。周哲等曾对煤的工业能源、化工过程进行代谢分析,并根据代谢模型优化得到经济环境最优的煤能源化工产品结构和系统构成[63]。Erkman对近年来在工业代谢方面的研究做了很好的总结[64]。

(2)投入产出分析(Input-Output Analysis,简称IOA)相对物质代谢分析加强了对物流网络结构深层次的挖掘和分析。由于IOA对构成整个经济结构的个体相互关系的关注,使得它成为工业生态学一个重要的分析方法,应用到对各种不同尺度、不同拓扑结构的工业经济系统的分析中。IOA可以把经济、环境问题结合起来,应用它分析现有系统,提出改进方案或对不同的系统规划方案进行比较选优。如矿业系统可持续发展的投入产出模型[65]。

(3)柔性分析最初柔性分析是用来解决化工过程在操作运行时,由于不确定因素的影响导致化工过程不能处于最佳状态的问题。迄今为止,这方面的研究基本上还处于理论研究阶段,实际应用很少,而且主要在换热网络、精馏塔设计等方面,其他领域甚少。目前已经有一些研究者开始关注柔性分析在生态工业系统方面的应用,清华大学已经成功地应用在鲁北工业园区的设计中[66]。但是今后柔性分析要基于在方法上更趋实用化;柔性分析应与灵敏度分析相结合,综合优化过程系统;集成应用人工智能、数学规划等发展一套普遍使用的柔性分析方法等[67]。

(4)热力学分析方法——炀(Emergy)分析炀为任何资源、商品或劳务在形成过程中直接或间接使用的太阳能,并利用炀定义出的一系列新的反应系统效益的指标,如炀投资率、炀产出率、环境的负荷率、系统可持续发展指数等。杨慧利用炀对煤的热电联产和煤气化联产甲醇进行了分析，并尝试提出了基于炀分析的适用于工业系统的可持续发展指标[68]。

与传统的衡量工业生态系统资源和能源转化效率指标相比，基于炀的评价指标体系更能体现生态工业所追求的环境与经济协调发展的目标。

(5)生命周期分析方法(Life Cycle Analysis，简称 LCA)LCA 已被纳入即将全面推行的 ISO 14000 环境管理体系，将成为 21 世纪最有效的环境管理工具之一。根据 ISO 14040的规定，生命周期评价包括目的与范围确定、清单分析、影响评价和生命周期解释 4 个阶段。目前，已经开展了很多 LCA 方法的研究[69]。与工业生态系统面向产品、资源和服务的特点不同，LCA 是研究工业系统间物料和能量流。目前，LCA 发展面对的挑战主要是数据的缺乏，研究边界的确定，环境因素比较的无目标性及无量化基础[70]。文献[71]强调了 LCA 的关键本质特征，总结了可用的方法及面临的挑战。

(二)过程系统综合集成技术的发展目标与前景

传统的过程设计将被拓展到包含产品设计这一环节。主要挑战包括针对新型单元操作的过程强化和对环境友好的过程设计。由于目前的环境评价体系尚不成熟，如何选择评价指标、建立合理的评价平台，使过程系统综合朝着更有利于可持续发展方向进行将是一个非常重要的课题。

化学供应链集成涉及产品的发现、设计、制造、配送、销售、使用直至废弃等整个生命周期的各个环节，是一个多时间跨度、多空间尺度的过程，它的实现需要在化学供应链各个层次均有所突破，如分子水平的新产品设计、传统日用化工领域的过程强化、过程控制和环境友好过程的开发、从产品的分子动力学到企业的计划、调度集成的多尺度建模问题、供应链各环节测量、控制和信息系统的集成问题以及相关支撑方法和工具的研究。

六、结束语

目前，过程系统工程正在一方面迎接全球性竞争的挑战，一方面迎接可持续发展的挑战。利用过程系统工程方法来考虑中国工业可持续发展问题尤其具有特殊重要的意义，一方面中国工业企业为连续 10 年国民经济高速增长作出了巨大贡献，另一方面付出的代价也是巨大的，而且面临能否可持续发展的问题。发展过程系统工程的核心和关键技术来解决我国工业企业的可持续发展问题，是一个迫在眉睫的研究课题，这对于我国创建环境友好型、资源节约型的和谐社会无疑具有十分重要的推进意义。

参考文献

[1] MAGGIORIS D，GOULAS A，et al. Kiparissides C. Use of CFD in Prediction of Particle Size Distribution in Suspension Polymer Reactors. Computers and Chemical Engineering，1998(22S)：315-322.

[2] BEZZO F，MACCHIETTO S. et al. General Hybrid Multizonal/CFD Approach for Bioreactor Modelling. AIChE J，2003(49)：2133-2148.

[3] CABEZAS H, Bare J C, et al. Pollution Prevention with Chemical Process Simulators: The Generalized Waste (WAR) Algorithm-Full Version. Comp. Chem. Eng. ,1999,23:623-634.

[4] SHONNARD D R, HIEW D S, et al. Comparative Environmental Assessment of VOC Recovery and Recycle Design Alternatives for a Gaseous Waste Stream. Environ Sci &Technol. , 2000, 34: 5222-5228.

[5] BUGAEVA L N, BEZNOSIK Y A, et al. An Application of Expert System to Chioce: Simulation and Development of Gases Purification Process. Comp. Chem. Eng. ,1996,20(Suppl):401-406.

[6] FENG E, YANG H B, et al. Fuzzy Expert System for Real-time Process Condition Monitoring and Incident Prevention. Expert Systems with Application,1998(15):383-390.

[7] NEUMANN J, DEERBERG G, et al. Early Detection and Identification of Dangerous States in Chemical Plants Using Neural Networks. Journal of Loss Prevention in the Proces Industries,1999, 12: 451-453.

[8] FONTAINE J L, Germain A. Model-based Neural Networks. Comp. Chem. Eng. , 2001 (25): 1045-1054.

[9] ZHANG X P. , Zhang S J, et al. Prediction of Solubility of Lysozyme in Lysozyme-Nacl-Water System with Artificial Neural Network. Journal of Crystal Growth,2004(264):409-416.

[10] R-RODA I, COMAS J, et al. Automatic Knowledge Acquisition from Complex Process for the Development of Knowledge-based Systems. Ind. Eng. Chem. Res. ,2001(40):3353-3360.

[11] 俞金寿. 先进控制技术及应用. 自动化信息,2005(11):18-22.

[12] 周东华,叶银忠. 现代故障诊断与容错控制. 北京:清华大学出版社,2000.

[13] 王常力. 最新 DCS 的体系结构和技术特点:第一讲第四代 DCS 形成原因和体系结构. 自动化博览,2004,21(3):69-71.

[14] 邵之江,李翔,等. 化工过程系统优化中的一种混合求导算法. 化工学报,2003,54(10):1397-1402.

[15] 江爱朋,邵之江,等. 大规模过程系统优化的一种改进简约空间 SQP 算法. 浙江大学学报:工学版,2005,39(10):1470-1474.

[16] 邵之江,郑小青. 基于自动微分的精馏塔优化计算灵敏度分析. 化工学报,2004,55(8):1296-1300.

[17] 江爱朋,邵之江,等. 基于简约空间序列二次规划算法和混合求导方法的精馏塔操作优化. 化工学报,2006,57(6):1378-1384.

[18] 江爱朋,邵之江,等. 基于简约 SQP 和混合自动微分的反应参数优化. 2004,38(12):1606-1610.

[19] 陈韬,邵之江. 大规模过程系统的结构化开放方程建模. 工业控制计算机,2005,18(4):34-35.

[20] 邵之江,叶峰,等. 面向对象的流程系统开放式方程模型化研究. 控制工程,2004,11(4): 303-305,355.

[21] 陈韬,邵之江,等. 面向服务的开放架构复杂过程系统模型化与优化. 化工学报, 2005,56(12): 2367-2372.

[22] 江爱朋,邵之江,等. 大规模非线性优化软件包 UniOptima 的设计和开发. 化工自动化及仪表,2005,32(5):28-32.

[23] 颜学峰. Aromatic Hydrocarbon Isomerization Process Optimization Based on IDE and AOS//中国大连第六届全球智能控制与自动化大会. [出版者不详],2006(9):7692-7696.

[24] 张兵,俞欢军,等. 序贯优化化工动态问题的蚁群算法. 高校化学工程学报,2006,20(1):120-125.

[25] 程志刚,陈德钊,等. 进化规划-蚁群优化算法的构建并用于化工过程操作优化. 化工学报,2005,56(12):2161-2166.

[26] 贺益君,陈德钊. 连续约束蚁群优化算法的构建及其在丁烯烷化过程中的应用. 化工学报, 2005,

56(9):1708-1713.
[27] 秦建华,李智.智能蚁群算法在化工过程优化中的应用.化工自动化及仪表,2005,32(3):28-30.
[28] 黄琦,王弘等.环氧乙烷合成反应器温度—时间优化策略.化工学报,2005,56(5):870-874.
[29] 李为民,徐春明,等.基于神经网络-遗传算法优化制氢工艺水碳比.化工进展,2004,23(9):998-1000.
[30] 周昊,朱洪波,等.基于人工神经网络和遗传算法的火电厂锅炉实时燃烧优化系统.动力工程,2003,23(5):2665-2669
[31] 杨善升,陆文聪,等.DMOS优化软件及其在化工过程优化中的应用.化工自动化及仪表,2005,32(4):36-39.
[32] YAN XUEFENG,DU WENLI,et al. Develop A Kinetic Model for Industrial Oxidation of P-xylene by RBF-PLS and CGA. AIChE,2004,50(6):1169-1176.
[33] 颜学峰,余娟,等.基于进化算法的常减压装置模拟.石油学报(石油加工),2006,22(1):41-48.
[34] DU WENLI,QIAN FENG. Optimization of PTA Crystallization Process Based on Fuzzy GMDH Networks and Differential Evolutionary Algorithm. the First International Conference on Natural Computation,ICNC 2005,Changsha,2005(Ⅱ):631-635.
[35] 吴凯,何小荣,等.脱丙烷塔的操作优化.计算机与应用化学,2003,20(3):233-235.
[36] 张良佺,陈纪忠,等.固体聚合硫酸铁的制取及工艺优化研究.高校化学工程学报,2004,18(4):494-500.
[37] 冯长根,胡秀峰,等.聚丙烯纤维接枝丙烯酸反应条件优化.化工学报,2005,56(3):555-559.
[38] 张庆轩,高颖,等.硅-丙共聚物纳米乳液的合成条件优化.化工进展,2006,25(3):329-333.
[39] 邢承治,胡兆吉.共沸精馏提纯丁醇的工艺优化研究及其工程应用.化工进展,2006,25(7):825-828.
[40] 王留成,王福安,等.改进人工神经网络法进行二(2,2,6,6-四甲基-4-哌啶基)马来酸酯合成反应工艺参数优化.高校化学工程学报,2004,18(3):362-366.
[41] 刘建新.基于神经网络模型的对二甲苯氧化过程优化.化工进展,2006,25(6):708-711.
[42] 杨南林,瞿海斌,等.用均匀设计和回归分析法优化黄连提取工艺.高校化学工程学报,2004,18(1):126-130.
[43] 邹建新,王军.锐钛型钛白粉白段制备工艺参数优化研究.化工进展,2004,23(2):185-187.
[44] 袁军,曾鹰,等.均匀设计法优化固体酒精的制备工艺.计算机与应用化学,2006,23(4):359-361.
[45] 杨洁,刘永琼,等.牛磺酸合成工艺的优化.化工进展,2005,24(11):1269-1272.
[46] 吴济民,戴新民,等.环己烯水合反应生成环己醇工艺条件的优化.化工进展,2003,22(11):1222-1224.
[47] 邱若磐,张沛存,等.一种新的过程节水分析方法—水夹点技术及应用研究节能.节能,2000(12):13-15.
[48] 尹芳,都键,等.新型水夹点技术在工程应用中的探讨.工业用水与废水,2001,32(1):23-25.
[49] 修乃云,滕虎.应用全局夹点分析的加/减原则改善全局能量集成.高校化学工程学报,2000,14(4):363-368.
[50] 修乃云,尹洪超,等.能量集成改造的全局夹点分析法.大连理工大学学报,2000,40(4):409-412.
[51] 尹洪超,张英,等.改进的全局能量集成法及其在炼油联合装置中应用.大连理工大学学报,2001,40(4):409-412.
[52] 尹洪超,李振民,等.过程全局夹点分析与超结构MINLP相结合的能量集成最优综合法.化工学报,2002,53(2):172-176.

[53] 都键,孟小琼,等.用能与用水同时最小化过程综合方法研究.大连理工大学学报,2003,43(2):141-146.

[54] ZHANG G X,HUA B,et al. Exergoeoonomic Methodology for Analysis and Optimization of Process Systems. Computers and Chemi cal Engineering,2000(24):613-618.

[55] CHEN Q L,YIN Q H,et al. An Exergoeconomic Approach for Retrofit of Fractionating Systems. Energy,2002,27(1):65-75.

[56] 王彦峰,冯霄.综合考虑资源利用与环境影响的分析法应用.中国科学(B辑),2001,31(1):89-96.

[57] 王加璇,王清照.热力学与生态系统的研究.现代电力,1996,13(2):35-38.

[58] 王清照,程伟良等.Yong在生态建模中的作用.现代电力,1997,14(1):20-25.

[59] 王加璇,王清照等.网络模式热经济学引论//热力学分析与节能论文集.北京:科学出版社,1997:2-8.

[60] DAICHENDT M M,GROSSMARM I E. Integration of hierarchical decomposition and mathematical programming for the synthesis of process floesheets. Computers and Chemical Engineering,1997,22(1/2):147-175.

[61] 尹洪超,李振民,等.过程全局夹点分析与超结构 MINLP 相结合的能量集成最优综合法.化工学报,2002,53(2):172-176.

[62] 龚俊波,杨友麒,等.可持续发展时代的过程集成.化工进展.2006,25(7):721-728.

[63] 周哲,李有润,等.计算机与应用化学,2001,18(3):193-198.

[64] ERKMAN S.工业生态学.徐兴元译.北京:经济日报出版社,1999.

[65] 彭秀平,潘长良.矿业研究与开发,2004,24(1):5-8.

[66] LI YOURUN,SHEN JINGZHU,et al. Journal of Chemical Industry and Engineering (China),2001(52):189-204.

[67] 王洪卫,都健,等.化工时刊,2003,17(9):12-18.

[68] 杨慧.工业生态系统炀分析.北京:清华大学出版社,2001.

[69] 汪劲松,段广洪,等.计算机集成制造系统,1999,5(4):1-8.

[70] RICHARDS D J. The industrial green game:implications for environmental design and management. Washington D. C.:National Academy Press,1997.

[71] PENNINGTON D W,POTTING J,et al. Life Cycle Assessment Part 2: Current Impact Assessment Practice. Environment International,2004(30):721-739.

撰稿人:钱锋

生物化工学科进展

一、引言

生物化工是研究以具有生物活性的物质(细胞、酶等)为催化剂,实现特定加工或生产目标的过程规律的学科。虽然人类在几千年前已掌握了利用微生物生产酒和醋以及发酵等技术,但只是凭借经验来实施的。20 世纪 40 年代,在青霉素生产的工业化过程中,面临一系列工程技术问题需要解决,如培养基灭菌、空气的无菌过滤、通气搅拌和发酵罐的操作性能、发酵动力学及过程控制、发酵过程的放大、产物的分离纯化等,作为一门在化学工程基础上发展起来的交叉学科,生物化工应运而生。随着链霉素、金霉素和红霉素等抗生素的发现和产业化,生物化工的研究不断深入,并对随后出现的氨基酸、核苷(酸)、有机酸、溶剂、酶制剂等行业的形成和发展作出了重要的贡献。生物化工的原理和成果也在动物和植物细胞的培养中得到了应用。此外,利用含有特定酶系的细胞或经纯化的酶催化特定的反应高效合成化合物,特别是具有特定立体分子结构的化合物,在优化细胞和酶的固定化以提高生物催化剂的利用效率和降低生产成本等方面,生物化工也发挥了巨大作用,奠定了学科的发展基础。

20 世纪 70 年代基因重组技术的发展,使人类能利用微生物和动物细胞生产外源蛋白和各种酶,通过基因工程菌和动物细胞的高密度培养高表达重组基因的技术成为生物化工研究的课题,提高了重组蛋白的生产效率。基因操作技术也被用于改造细胞,通过改变酶、物质运输和代谢调节[1],即代谢工程,来改善已有生产菌株(细胞株)的性能,如提高产物生产效率,减少有害产物,生产原先不能产生的新物质等。由于细胞内的代谢反应十分复杂,形成网状系统并受到严格调控,简单地扩增或敲除特定基因往往不能收到预期的效果,需要对细胞的代谢网络进行研究,有关细胞内的代谢流通量及其控制的研究也属于代谢工程的研究领域,包括细胞信息流的研究。代谢工程采用化学反应工程和热力学的基本原理来研究生物反应途径,虽然它和传统的生物化工的理论基础相同,但代谢工程着眼于分析细胞而不是设备,它涉及的是完整的代谢途径而不是个别的反应,关系的是整个生化反应网络以及代谢途径涉及的合成反应,热力学上的可能性,流通率及其调控[2]。

过去 30 年,分子生物科学取得了令人瞩目的进展,在分子水平上揭示了发酵过程涉及的代谢调节机理。图 1 显示了一个细胞的基因组、蛋白质组、代谢物组和代谢流组[3]。分子生物科学的研究偏于上部,利用基因芯片、毛细管电泳、凝胶二维电泳、质谱、核磁共振等现代分析方法以及生物信息学的成果,能深入了解细胞中基因转录和翻译以及代谢物合成的规律。关于发酵过程的工程学方面的研究则主要集中在下方,通过细胞内代谢流的研究,定量描述细胞代谢活性变化的规律,从而掌握控制发酵过程的技术诀窍。现在,越来越多的关于过程工程的研究与细胞水平及分子水平的研究结合起来,这样可以从本质上认识发酵过程的特点和规律，从而更有效地进行发酵过程的控制，并进行成功的放大。

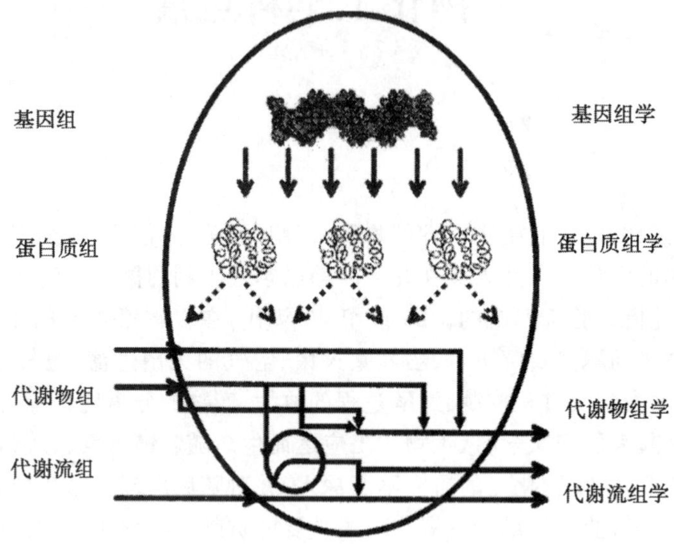

图 1　细胞的基因组、蛋白质组、代谢物组和代谢流组

我国抗生素工业于 20 世纪 50 年代起步。在当时的历史条件下，主要采用前苏联技术。60 年代以后通过自主开发，较全面地建立了包括抗生素、氨基酸、有机酸、维生素 C、酶制剂等生物化工产业，但水平较低。改革开放以来，引进了一些国外先进生产技术，如青霉素生产菌种和工艺的引进使生产水平得到大幅度的提高，由原先的 20 000 u/ml 提高到 60 000 u/ml。不过，引进技术的成功往往需要多年时间进行消化和吸收，为此国家在“六五”到“十五”期间，组织了多项攻关，通过生物化工的研究，成功实现了相关发酵项目的优化和放大。同时，国家高科技计划(“863”)也支持了许多基因工程产品的优化和产业化，为提高我国的医疗水平作出了贡献。近年来，面对我国能源消耗不断增加，石油已由出口转为纯进口的现状，国家也支持了许多生物能源的课题，并取得了一定的成果。我国生物化工研究领域已包括微生物发酵、酶工程、动植物细胞培养、代谢工程、组织工程、干细胞、生物信息学、系统生物学等各方面，但与国际先进水平尚存在较明显差距。

二、生物化工学科的新进展

作为生物技术中下游过程的支撑学科，生物化工学科的发展极大地推动了生物技术的产业化进程。在现代生物技术领域兴起了三次浪潮：1982 年以重组人胰岛素上市为标志的医药生物技术(Red biotechnology)；1996 年以转基因大豆、玉米、油菜的相继上市为标志的农业生物技术(Green biotechnology)；2000 年以聚乳酸上市为标志的工业生物技术(White biotechnology)。生物化工在工业生物技术领域的发展为传统工业注入了新的生命力，将彻底改变工业文明依赖于矿物质材料的能源和资源结构，使人类社会的发展真正实现与自然相和谐的可持续发展。

从国内发展情况来看，取得了以下四方面有代表性的成果。

(一)微生物法生产丙烯酰胺

沈寅初院士领导原化工部生物化工研究中心(上海市农药研究所生物工程研究中心)开发的微生物法生产丙烯酰胺是我国利用生物催化技术生产大宗化工原料的首个成功项目[4]。以丙烯酰胺为单体合成的聚丙烯酰胺被广泛用于石油开采、造纸、采矿、洗煤、冶金、水处理、制糖、建材和化工等行业，是一种重要的工业原料。与传统的硫酸水合法和铜催化水合法相比，微生物法是通过微生物合成的丙烯腈水合酶水解丙烯腈得到丙烯酰胺，这种生物催化法由于采用了高效率的生物催化剂，无需使用传统方法的高温高压催化条件，减低了能耗，提高了生产过程的安全性，生产工艺也大为简化，得到的丙烯酰胺纯度及转化率都有很大的提高，环境污染少，成本低。这一具有过程高效、反应温和、与环境友好的生物催化技术，是绿色化学与绿色化工发展的重要趋势之一。

生物催化的核心技术是高效率的生物催化剂——酶。为了获得高酶活的菌株，沈寅初院士领导的研究组筛选了大量的样本，终于在1985年成功地从泰安地区的土壤中发现了一种高活力的腈水合微生物，以此为基础，在国家“七五”、“八五”攻关课题的支持下，经过了几年的努力，解决了大量复杂的技术问题，成功地培育了高产酶量的优良微生物菌种，探索成功了一整套高产、高效的产业化技术路线，为该成果的产业化打下了坚实的基础。先后在江苏、河北、山东、北京建成了年产1 500～2 000 t的工业化生产线四条。在我国首次成功地建成了利用生物催化技术生产大宗化工原料的生产装置，生产运转表明，微生物法生产丙烯酰胺的技术达到国际先进水平，目前该技术已被用于建立万吨级的生产装置，国内共有十多家丙烯酰胺生产企业，全部采用微生物法，总产能约350 kt/a，实际产量超过200 kt。

以生物催化为特点的工业生物技术应用于大规模化学品生产已初见端倪，近年来呈现快速增长的趋势，美国该行业的产值已达200亿美元，超过了生物医药行业[5]。美国政府一份21世纪发展规划提出，到2020年，通过生物催化技术，实现化学工业的原料、水资源及能量的消耗降低30%，污染物排放和污染扩散减少30%[6]。这将对包括化学工业、医药工业及农业在内的各产业带来极其深远的影响。

(二)生物法生产1,3-丙二醇(PDO)

1,3-丙二醇(化学式：$CH_2OHCH_2CH_2OH$)本是一种需求量不是太大的化工原料，20世纪90年代以后发现它可作为单体与对苯二甲酸合成聚对苯二甲酸丙二醇酯，俗称PTT。PTT聚酯性能优良，几乎结合了现有聚酯(涤纶、尼龙、腈纶)的所有优点，如耐磨、高弹性、能连续印染、可生物降解等等，是目前公认最好的传统聚酯升级换代品。由此1,3-PDO的产业化得到重视。

PDO的现行生产方法为化学合成法，包括美国壳牌(Shell)公司的环氧乙烷法和杜邦(Dupont)公司的丙烯醛法。PDO也可通过微生物发酵生产，相对于化学合成，生物法能利用廉价的可再生资源，成为大规模生产PTT的希望所在。

研究发现，甘油经过一些微生物转化合成PDO是自然界里唯一发现的生物合成途径。因此目前1,3-PDO的生物合成的研究主要集中在两个方面:①以甘油为原料对已经发现的天然微生物(主要是伯氏肺炎杆菌)进行菌种改造和工艺强化发酵生产PDO;②将转化葡萄糖为甘油和将甘油转化为1,3-PDO的两组基因重组到同一细胞内(大肠杆菌),以葡萄糖为原料直接生产1,3-PDO,重组菌发酵突破了天然途径的限制,可以利用更廉价的原料。

在欧洲,以甘油为原料的天然菌种发酵工艺已研究多年,代表为德国生物工程研究中心,目前还没有工业化的装置投产。2002年美国杜邦公司报道了以大肠杆菌为宿主构建了一株直接利用葡萄糖为原料生产PDO的菌株,发酵结束PDO浓度达135 g/L,生产强度为3.5 g/(L·h),该工作被评为美国年度绿色化学奖。2004年杜邦和Tate & Lyle合作,建设商业化的生产装置,预计2006投产,设计生产规模为45 kt/a。

我国生物法PDO的研究始于20世纪90年代末。清华大学[7]、大连理工大学[8]、山东大学、华东理工大学和江南大学等科研单位开展了以甘油为原料天然菌种发酵工艺的研究,生物法制备1,3-PDO也被列入国家“十五”科技攻关计划。目前已取得了一系列成果,以甘油为原料,发酵水平达到70~80 g/L,发酵生产强度超过2 g/(L·h),对甘油摩尔转化率也超过60%,处于国际领先水平。以甘油为原料采用二步发酵法生产PDO,拥有完全自主的知识产权。天冠集团与清华大学等部门联合攻关的发酵法生产1,3-丙二醇技术,在2006年7月通过教育部组织的成果鉴定后,又成功进行了500 t/a规模的工业性试验,为微生物法发酵生产1,3-丙二醇的工业化提供了经济可行的工艺路线。“十一五”期间计划建成万吨级的1,3-PDO生物合成装置。有关构建直接利用葡萄糖合成1,3-PDO基因工程菌的研究工作,国内也已开展,预计在不长的时间内也将会有所突破。

(三)反应分离耦合技术

反应分离耦合技术是将生物催化反应与产物分离相耦合,可有效解除产物抑制,并极大地简化工艺,降低手性化合物的生产成本。由欧阳平凯院士领导南京工业大学开展的科研项目“反应分离耦合技术及其在酶法合成手性化合物中的应用”,经过10年的潜心研究,在我国首次将反应分离耦合技术应用于L-丙氨酸和L-苹果酸[9]的生产,实现了酶反应转化率一次接近100%,一次产品纯度接近目标产品。通过大量菌种筛选工作,获得了用于手性催化的系列酶生产菌,菌株的酶活力超过了国内外报道的最高值,达到世界先进水平;通过对酶结构和细胞膜渗透机理的研究,实现了产物在细胞膜上的主动转运与底物向细胞内的大量渗透;控制反应条件,保证了酶空间构象的刚性,实现了高效率手性合成,获得了高纯度的手性产物。这一成果在我国生物化工领域实现了两大首创:首次以反应分离耦合的方式,将生物催化反应与多级分离组合成简单的单槽反应,大大简化了工艺流程,为其他生化加工过程的产业化提供了一个全新的思路和方法,也是组合合成思想在液相反应领域应用成功的范例和重大突破;首次实现了酶法合成手性化合物的生产成本低于化学合成的非手性的水平,是生化催化过程技术的重大进步。这一成果将导致有机酸和氨基酸工业的重大突破性进展。该技术着眼于环境保护与可持续发展,是专家称道的绿色工艺,无污染,采用该技术生产的L-丙氨酸已取代化学合成生产的DL-丙氨酸用于VB_6原料,减少了严重的环境污染,带动了维生素行业的进步。该技术原创思想和方法在酶法转化化学品的手性合成技术领域具有广泛的应用前景，取得了可观的经济效益，对生物化学工程的过程优化及技术进步具有重大意义。

(四)生物过程优化与放大

包括生物过程工程(Bioprocess engineering)、生物反应工程(Bioreaction engineering)和生物过程检测与控制(Bioprocess monitoring and control)三个方向的生物反应器工程是生物化工学科的重要研究内容，着力于生物技术产业化迫切需要解决的关键工程学问题。

发酵过程优化与放大分别是充分挖掘现有生产菌株的生产能力，将实验室成果转化为生产力的重要环节。华东理工大学在发酵过程的优化与放大研究过程中，提出了全新的发酵过程多尺度优化技术，建立了宏观细胞代谢流检测的方法，制造了用于发酵过程优化与放大研究的专用装置，以检测表征细胞宏观代谢流特性的各种参数，并完善了细胞微观代谢特性与宏观代谢流之间的相关分析方法，在多个工业规模发酵过程优化中取得了成功。在红霉素发酵过程中，发现了红霉素产生菌利用不同基质时的宏观代谢流比 RQ(呼吸商)的不同表现，从而找到发酵调控的关键点，使得红霉素发酵单位提高了 70%以上。采用自主研发的 FUS-50L(A)多参数全自动发酵罐对鸟苷发酵过程进行研究，通过对包括 pH、DO、流加氨水累计量、流加葡萄糖累计量、OUR、CER、K_{La}等过程参数的在线测定和 NH_2-N、NH_4^+-N、葡萄糖、鸟苷等离线参数的手工测定，得到了典型的鸟苷发酵多参数趋势曲线，建立了描述生物反应器动态变化的状态方程，通过状态估计对鸟苷发酵过程进行预报与分析。结合对鸟苷发酵过程有机酸、氨基酸形成规律的分析，发现了鸟苷发酵后期丙酮酸及丙氨酸的积累，通过对葡萄糖代谢过程中主要代谢途径的酶活分析及代谢流定量计算，发现了发酵后期鸟苷形成速率的下降是由于代谢流从形成产物的 HMP 向 EMP 途径迁移所造成的，解释了 EMP 途径与 TCA 循环之间出现的“溢流”原因，根据以上鸟苷发酵过程跨尺度研究结果，通过添加 EMP 途径抑制剂，逆转了代谢流的迁移，实现将代谢流由 EMP 向 HMP 途径回复迁移的工艺优化，使鸟苷的产率由 17 g/L提高到 34 g/L 以上[10]。

以上两项成果都是在华东理工大学张嗣良教授领导下取得的，他们提出了发酵过程多尺度研究的工程学方法[11-12]，开发了专门用于发酵过程优化与放大研究的生物反应器，完善和建立了工业发酵过程优化和放大理论，这套工程、装备、工艺一体化的研究思路在包括红霉素、鸟苷在内的十多项产品的工业规模推广中取得成功，极大地提高了生产效率，产生了巨大的经济和社会效益。

此外，以生物材料和生物能源取代不可再生的矿石资源将从根本上缓解目前日益严峻的能源和环境危机，为人类社会的可持续发展提供保障。我国以聚乳酸(PLA)和长链二元酸为代表的生物材料，以燃料乙醇、生物柴油为代表的生物能源领域也取得了重大突破，实现了产业化。

三、生物化工学科在我国社会经济发展中的地位

生物化工的应用领域不断拓宽，但它的基本内容和范畴始终是围绕生物过程应用与

开发中遇到的问题，以实现过程的优化，成功地将实验室生产过程转化为规模化的生产力，最大限度地降低成本费用或提高生产利润。为达到上述目的，必须在以下三方面实现突破：第一，发现和发展新产品或技术应用；第二，发展集成化的产品加工工艺；第三，设计和模拟新型的改进的工艺过程。具体的研究方向包括：高性能工业微生物菌种构建；生物过程优化控制与放大技术；工业生产菌种改造与生物过程相结合的系统生物学研究；新型高效生物反应器开发与产业化；生物产品的高效分离技术与设备开发。

随着人类社会经济发展，当前的能源结构、资源结构、环境状态已不能支撑现有的发展模式，人类社会的发展必须将基于碳氢化合物的经济转变为基于碳水化合物的经济。传统的粗放型经济增长方式必定走到尽头，未来的发展必须走新型工业化道路，走资源节约型、环境友好型的道路，对我国更是如此。我国明确提出转变经济增长方式已经有 10 年了，但是直到 2004 年我国 GDP 只占世界的 4%，钢铁、水泥、煤炭等资源的消耗量却占世界总消费量的 30%～40%，传统的增长方式没有得到根本转变。其主要原因之一是缺乏新技术，难以培育新产业。要实现经济增长方式的转变，必须依靠新技术，开发新产品，发展新经济。生物技术及其正在孕育形成的生物经济为我国社会经济发展的战略性转变带来了希望。作为生物过程的共性技术平台，生物化工是生物技术和生物经济得以发展的基础。这些关键平台技术为生物医药、食品、轻工等发酵产业的产品升级提供技术基础，这些行业与提高人民生活质量息息相关，有的已在我国国民经济中占非常重要的位置。此外，将可再生的生物质转变为生物材料、精细化学品、化工原料等是保持我国持续发展的关键平台技术。把可再生的生物质高效转化为燃料乙醇、生物柴油、氢等，将有效缓解我国能源短缺问题；利用微生物生成生物肥料和生物农药，以及对农作物的全面综合高效利用和深加工，可增加农民收入，解决三农问题；微生物降解是可再生的生物质利用的最有效途径，由此可形成循环经济及环境生物技术，改善我国日益恶化的生态环境，可从根本上解决我国社会、经济发展面临的困境。

和世界各国政府一样，我国政府也十分重视生物技术，在颁布的“国家中长期科学和技术发展规划纲要”中，将“生物技术”和其中的“新一代工业生物技术”列为前沿技术。历届科技规划中，包括国家攻关，国家高技术产业示范工程，“863”等计划都针对相关内容立题予以扶持。继“973”将生物催化和转化立项后，“十一五”的“863”计划更是增列了工业生物技术专题。可以预见，21 世纪将是生物化工取得重大突破，工业生物技术崛起的新纪元。

四、生物化工学科发展目标和前景展望

无论是科技界还是产业界，都基本认同这样一个重要判断：在 21 世纪，以生命科学和工程技术为基础的生物技术产业将极大地改变人类经济及社会发展的进程。作为生物技术产业化的支撑，生物化工学科的发展目标就是提高生物过程的效率，降低生产成本，它将和日益成熟的转基因技术、克隆技术以及正在加速发展的组学（基因组学、蛋白质组、代谢物组学及代谢流组学）成果，生物信息学成果、生物芯片技术、纳米生物技术、干细胞组织工程等关键技术一起，推动生物技术产业成为 21 世纪最重要的产业之一。毫无疑问，在未来的发展中，生物技术将从根本上解决人类所面临的人口、食物、能源、生态、环境、健

康等问题，构筑新的国际分工格局，形成新的国际力量对比，更新人类的生产、生活与思维方式以及思想观念，对整个人类社会的经济发展产生深远的影响。

虽然在远古时代，人类就已经利用生物技术为人类社会服务，但它始终不处于科学技术发展的中心。但是今非昔比，越来越多的科学家预测，生物工程技术将是新的科技革命的主体。Davis 和 Meyer 于 2000 年在《时代》周刊上正式提出了生物经济(Bioeconomy, BE)的概念。BE 最早孕育于 1953 年，以 DNA 双螺旋结构的发现为标志；到 2001 年人类基因组序列框架图完成，标志着孕育阶段的终结；在 2001 年后的 20 多年是 BE 的成长阶段；预计到 2025 年 BE 将进入成熟阶段。具有 BE 时代特征的最初的四大产业是制药、健康医疗、农业及食品，并且与环境、能源、信息和化工等领域融合，甚至渗透到原来与生物无关的各个领域，从而引起一场全方位的产业革命，世界将进入 BE 时代和生物社会。

生命科学和生物技术将从根本上揭示各种遗传病、癌症、心血管病、精神病等重大疾病的机理和防治途径。生物医药将给医疗保健行业带来革命性变化，开创"再生医学"新时代，为全面提升人类的生活、生存质量和健康水平开辟广阔天地。生物技术的发展将促进农业革命。转基因技术、组织培养技术、动物胚胎移植与克隆技术以及生物肥料、生物农药、生物饲料的广泛应用，将推动种植业和养殖业的变革，大幅度地提高农产品的产量与品质，减少化学农药、化学肥料对农田和环境的污染，加速污染土壤的修复进度。工业生物技术将推进"绿色制造业"，促进化学工业的第三次革命。利用现代工业生物技术，能够有效地改造传统产业，提高经济效益，减少环境污染；利用生物催化替代化学催化，走出一条低资源消耗、低污染物排放、高效益的新型工业化道路；用生物质为原料生产塑料等化工材料，可彻底改变化学工业对石油产品的依赖，迎来生物化工时代。环境生物技术将为再造"秀美山川"提供技术支撑。海洋生物技术作为一个全新的学科，已成为 21 世纪海洋研究开发的重要领域，引领海洋技术步入飞速发展的时代。

五、生物化工学科发展的研究方向建议

20 世纪生物学经历了由宏观到微观的发展过程，由形态、表型的描述逐步分解、细化到生物体的各种分子及其功能的研究。2001 年完成的人类基因组序列框架图和随后发展起来的各种组学技术把生物学带入了系统科学的时代。如果在生物过程研究中结合上述系统生物学研究并有所突破的话，将对 21 世纪以生物技术产业化为核心的社会经济发展具有重大意义。因此，21 世纪的生物技术产业，究竟是一个什么样的格局？作为生物技术核心的生物化工学科，在已经开始的生物经济时代，是处于一种什么状态？能起何种作用？这是人们所关注的问题！这就是生物化工学科发展的研究方向。

具体来说可以有以下几个内容。

(一)以代谢工程为核心的高性能菌株构建与筛选技术

在高产菌株构建方面，除了已普遍使用的诱变育种、杂交育种(原生质体融合)外，等离子束技术，航天育种诱变也已被使用。应加强代谢工程、体外基因重排(DNA shuffling)等人工进化技术在工业微生物育种中的应用，开发和建立包括极端微生物在内的基

因库资源。此外，工业生产菌株系统生物研究，运用蛋白质组学分析、转录组学分析、代谢组学分析和生物过程中的生物信息学研究，也是微生物育种的新手段。为了得到性能优良的工业生产菌，还必须发展与之相配套的高通量筛选技术，如利用群式 5 L 以下实验室发酵罐、带 pH 测量与补料控制的摇床和微型生物反应器进行筛选模型与菌种筛选后技术研究等。

(二)从分子机制水平认识和在多尺度上调控过程变化的分子生物化工研究

由于不同产品的生产菌株(细胞株)代谢调控特性不同以及基因改造引起的代谢特性变化，过程优化研究的目的就是在各种组学研究的基础上，根据不同菌株的代谢特性，进一步在反应器操作条件下研究环境因素对产物生成的影响，实现过程最优控制。主要研究内容应围绕多尺度相关分析展开，解决反应器操作与细胞水平代谢变化的相关性，从宏观到微观寻找规律，并运用系统生物学，把菌种改造与发酵过程调控结合起来。

在菌种特性已经确定的情况下，反应器装备放大后所引起的培养环境条件变化就成为主要矛盾，实现有效的过程放大必须完成以下研究：敏感参数的寻找、分析与研究；计算流体力学研究；用于过程放大数据采集的中试研究。

(三)以信息处理为基础的生物过程检测与控制

近年来，对生物过程中研究对象的认识不断深入，这对生物反应器测量与控制技术的发展产生了重要影响。生物过程检测与控制已从基于状态参数传感技术与反馈控制发展为以信息处理为基础的生物过程检测与分析。当前生物过程在线传感技术研究的重点除了开发新型传感或检测技术进行活细胞量、培养液成分和代谢物的测量外，还发展了一些连续流动管式取样方法的测量技术，例如流动注射分析法(FIA)，在线红外光谱(FTIR-ATR)、在线气相色谱(GC)，在线液相色谱 HPLC，甚至色质联用技术等。以各种谱分析为主要内容的，可以同时测量很多变量的多变量方法也是一个新兴的研究方向，在转录水平上可采用基因芯片分析转录组，在翻译水平上采用 2D 电泳、时间飞行质谱分析蛋白质组，在调控网络上采用染色体免疫沉降方法分析所有的转录调控位点等，用于生命科学测定技术与分析仪器所得到信息已开始作为重要的发酵过程检测参数。

(四)用于过程研究与产品生产的生物反应器装备制造技术研究

针对不同生物过程，研究开发多种用途的生物反应器(包括动植物细胞生物反应器、光反应器、酶反应器等)，包括：用于高通量菌种筛选平台的装置；用于菌种生理特性研究的恒化技术及其装置；高通量的实验室发酵装置；用于过程放大数据采集的中试系统装置；高效大型生物反应器的设计与制造技术研究；各种大规模动物细胞培养生物反应器研制与商品化；高效节能的固体发酵生物反应器研制。

(五)高效分离纯化关键技术与设备

该研究是降低生产成本及提高品质的关键，研究重点有：在现有的分离技术和介质基础上，根据不同产品应用特性建立分离纯化介质及设备的模块化技术、集成技术及发展相关产业;重点解决新的高效分离方法和分离介质,其中主要有:膜分离技术与应用,聚焦电泳制备技术和装置,分离与纯化过程的集成化技术,对 pH、光等环境敏感效应溶解度可逆高聚物组成的可再生两水相分离技术等。

参考文献

[1] BAILEY J E. Toward a science of metabolic engineering. Science,1991(252):1668-1675.

[2] STEPHANOPOULOS G. Metabolic engineering. Biotechnol Bioeng,1998(58):119-120.

[3] VON STOCKAR U, VALENTINOTTI S, et al. Know-how and know-why in biochemical engineering. Biotechnol Adv,2003(21):417-430.

[4] 沈寅初,张国凡.微生物法生产丙烯酰胺.工业微生物,1994(24):21-32.

[5] SCHMID A, DORDICK J S. Industrial Biocatalysis Today and tomorrow. Nature, 2001(409): 258-268.

[6] Council for Chemical Research (US). New Biocatalysts: Essential Tools for a Sustainable 21st Century Chemical Industry. California:CCRUS-report,1999.

[7] 程可可,林日辉,等.1,3-丙二醇分批发酵动力学模型.过程工程学报,2005(5):425-429.

[8] 张青瑞,修志龙,等.克雷伯氏杆菌发酵生产1,3-丙二醇的代谢通量优化分析.化工学报,2006(57):1403-1409.

[9] 胡永红,欧阳平凯,等.反应分离耦合技术生产L-苹果酸工艺过程的优化研究.生物工程学报,2001(17):503-505.

[10] 蔡显鹏,陈双喜,等.鸟苷发酵过程代谢流迁移的分析.生物工程学报,2002(18):622-625.

[11] ZHANG S L, CHU J, et al. A Multi-Scale Study of Industrial Fermentation Processes and Their Optimization. Adv Biochem Engin/Biotechnol,2004(87):7-150.

[12] ZHANG S L, Ye B C, et al. From multi-scale methodology to systems biology: to integrate strain improvement and fermentation optimization. J Chem Technol Biotechnol,2006(81):734-745.

撰稿人:张元兴　张嗣良　叶勤

煤化学工程研究进展

一、引言

煤炭是我国的基础能源和重要原料，在国民经济和社会发展中具有重要的战略地位，将长期是我国的主要能源。但是，我国的煤炭利用技术相对落后，利用效率低，过程污染严重。开发煤炭高效、清洁利用和转化技术，是国民经济和社会可持续科学发展的客观需求，对保障国家能源安全，解决环境污染，推动相关产业的技术进步具有重要意义。

煤化工是伴随着工业革命而兴起的，是最古老的工业门类之一。"二战"以后，随着石油化工的蓬勃发展，煤化工逐渐衰落。20 世纪的两次石油危机为煤化工的复苏提供了契机，煤利用带来的环境问题也促使人们对煤化工的发展进行更加深入的思考。我国面临的能源和环境问题，为煤化工的发展提供了前所未有的机遇，煤化工突破了传统的炼焦、煤焦油加工、燃气生产等高污染行业，向煤基化学品生产(合成氨、甲醇、醋酸、二甲醚、烯烃等)、液体燃料合成(间接液化、直接液化)、整体煤气化联合循环发电(IGCC)、制氢、燃料电池、直接还原炼铁等新兴的领域发展(图 1)。现代煤化工企业其实就是一个热—电—化联合生产，环境友好的综合企业。

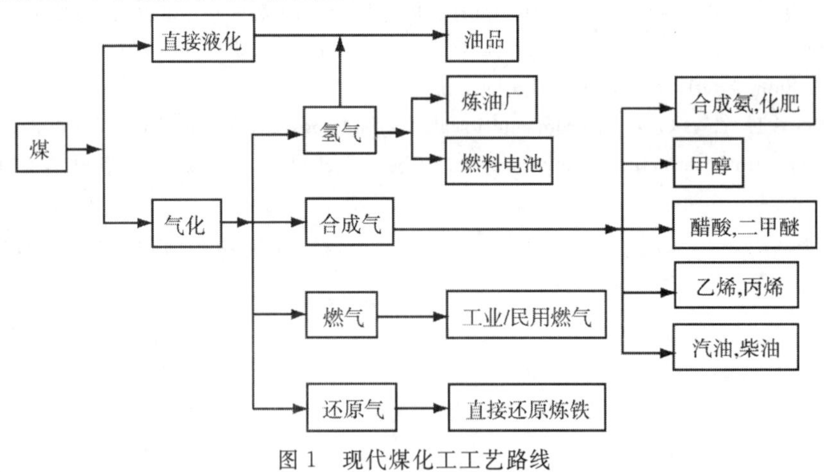

图 1　现代煤化工工艺路线

本文将从大型煤气化技术、甲醇合成、煤液化技术、IGCC 发电与煤基多联产技术这 4 个方面探讨现代煤化工的发展。

二、大型煤气化技术

煤气化技术是发展煤基化学品生产、煤基液体燃料(合成油品、甲醇、二甲醚等)、先进的 IGCC 发电、多联产系统、制氢、燃料电池、直接还原炼铁等过程工业的基础，是这些行业的公共技术、关键技术和龙头技术。

已工业化的煤气化技术可分为三类，即以 Lurgi 技术为代表的固定床气化技术、以 HTW 技术为代表的流化床气化技术、以 Texaco、Shell 技术为代表气流床气化技术。气流床气化炉气化温度、压力高、负荷大，煤种适应范围广，是目前煤气化技术发展的主流。

（一）国外气流床煤气化技术的现状[1-8]

国外已工业化的煤气化气流床煤气化技术主要有以水煤浆为原料的 GE（Texaco）气化技术、Global E-Gas 气化技术，以干粉煤为原料的 Shell 气化技术、Prenflo 气化技术、GSP 气化技术等。

Texaco 气化技术的主要优点是水煤浆带来的，即较易提高压力，南化的气化压力达到了 8.4 MPa，这样就有可能实现甲醇的等压合成。它的问题也与水煤浆有关，水煤浆中近 40%的水使它的热值降低；对煤质的限制变得较严格，如成浆性能差的煤，灰分较高、灰熔点高的煤经济性较差；气化效率相对较低（碳转化效率约为 94%～95%，气化效率约 65%），比氧耗是各种气流床气化工艺中最高的，约为 400 Nm^3/km^3（$CO+H_2$）；必须采用热炉壁，价格昂贵的高级热面砖（每炉约为 100 万美元，国产的约为 50 万美元）寿命不到两年，15 万美元的喷嘴只能运行 2～3 个月就要拆下修理。

Shell 和 Prenflo 气化技术十分相似，都是多喷嘴上行干煤粉气化，冷炉壁，冷煤气回炉激冷热煤气，煤气冷却都用废锅。其主要差别在于废锅的设置上，Shell 在经过桥管后在侧边设置而 Prenflo 在顶部。这是因为当初两家公司是一起合作开发的，后来才分开。其技术优势在于：采用的是膜式水冷壁气化炉而非耐火砖，使高温气化（1 700℃）可行，所以原料选择范围较宽，而且降低了运行成本。气化后产生的煤气中 CO_2 含量低，有效气体（$CO+H_2$）的体积分数约 90%，氧耗比水煤浆气化约低 10%。膜式壁的设计寿命据说至少为 25 年，喷嘴寿命为 1 年。其存在的问题主要是投资大，设备造价过高，干燥、磨煤、高压氮气及回炉激冷用合成气的加压所需功耗较大，气化炉的压力低于 4.5 MPa，不能与后续过程相衔接（如等压合成甲醇）等。

GSP 气化技术是单喷嘴下喷式干煤粉加压气流床气化技术，根据煤气用途不同可直接水激冷，如化工合成气用户；也可用废锅回收热量产生高压蒸汽，如 IGCC 发电用户。GSP 技术采用了干煤粉进料、水冷膜壁，既扩大了煤种范围，又避开了耐火砖的麻烦。下喷的直接激冷使其设备造价大幅度下降，流程简单，激冷后合成气中的水蒸气也基本能满足后工段变换使用。我国煤化工界不少专家对该工艺寄予厚望。必须看到，GSP 气化技术在单炉能力和长期运行方面还存在不足，目前已运行过的装置，单炉能力只有720 t/d，运行时间的记录也不是很长。

（二）国内煤气化技术的研究进展

1. 国内煤气化技术的发展

国内煤气化技术的研发始于 20 世纪 50 年代末，1978 年后，随着经济的发展，国外不同的煤气化技术先后引进到国内，目前有 54 台 GE（Texaco）气化技术在运转或建设，有

17 套 Shell 气化装置在建设(其中 1 套在试运转),与 GSP 签订引进合同的有 2 家企业。煤气化技术早期的引进,的确对我国经济的发展起到了推动作用,但由于引进的煤气化技术并不都是完善的技术,而且重复引进严重,已使我国成为国外气化技术的"试验场"。目前,世界上只有我国使用如此众多种类的煤气化技术,许多盲目和不成熟的引进令我国付出了惨重代价。

从"六五"开始,国内重新开始跟踪研究煤气化,取得了长足的进展,中国科学院山西煤炭化学研究所在中试的基础上进行了流化床(灰熔聚)氧气/蒸汽鼓风制合成气的工业示范装置开发,烟煤处理能力为 100 t/d,常压,目前已投入生产运转。加压灰熔聚流化床气化技术的中试装置正在建设之中。"十五"期间,国电热工研究院等承担 863 课题,进行具有自主知识产权的干煤粉气化工艺的开发,建设了每天 36 吨煤的中试装置,并通过了科技部验收。

2. 多喷嘴对置式水煤浆气化技术的研究与开发

(1)中试装置　在消化引进 GE 水煤浆气化技术的基础上,华东理工大学、兖矿鲁南化肥厂、中国天辰化学工程公司承担了国家重点科技攻关项目"新型(多喷嘴对置)水煤浆气化炉开发"(22 t/d 装置),2000 年完成了中试装置的运转与考核,运行结果表明:有效气成分约 83%,比相同条件下的 Texaco 生产装置高 1.5%～2%;碳转化率>98%,比 Texaco 高 2%～3%;比煤耗、比氧耗均比 Texaco 降低 7%。

2004 年末,在华东理工大学、兖矿鲁南化肥厂(水煤浆气化及煤化工国家工程研究中心)、中国天辰化学工程公司三家单位通力合作下,建于兖矿鲁南化肥厂的国内首套具有自主知识产权的粉煤加压气化中试装置顺利通过 72 h 专家现场考核,率先在国内展示了气流床粉煤加压气化技术的优越性能。

中试装置气化温度为 1 300℃～1 400℃,气化压力 2.0 MPa～3.0 MPa,根据一对喷嘴或四个喷嘴运行情况不同,装置操作负荷可调范围较大,每天煤为 15 t～45 t。氧煤比主要操作范围为 0.5 Nm^3/kg～0.6 Nm^3/kg,蒸汽煤比操作范围为 0 kg/kg～0.3 kg/kg。

(2)商业示范装置的建设和运行　从 2002 年开始,先后在山东华鲁恒升化工有限公司和兖矿集团国泰化工有限公司建设了两套多喷嘴对置商业性示范装置,示范装置的建设得到了国家"863"计划和其他科技计划的支持。该公司建设了两台气化压力6.5 MPa、单炉日处理煤量 1 kt,配套生产 240 kt/a 甲醇、80 MW IGCC 发电的气化装置。

1)华鲁恒升公司示范装置:气化压力 6.5 MPa、单炉日处理煤量 750 t,配套生产 300 kt/a合成氨的气化装置由中国华陆工程公司设计,于 2004 年底建成,于 2004 年12 月 1 日一次投料成功。经过调整和优化,多喷嘴对置式水煤浆气化炉于 2005 年 6 月初正式投入运行。截至 2006 年 7 月 31 日,装置已累计运行 6 000 多小时。

2)国泰化工有限公司示范装置:包括两台气化压力 4.0 MPa、单炉日处理煤量 1 kt 的气化装置,配套生产 240 kt/a 甲醇、由燃气轮机和蒸汽轮机联合生产 80 MW 电力。

该气化装置于 2005 年 10 月 16 日一次投料成功,10 月 17 日打通全部工艺流程,生产出合格甲醇。至今气化装置累计运行约 6 000 h,运转率约 90%。工业运行证实,多喷嘴对置式水煤浆气化装置具有如下优点:该装置开车方便、操作灵活、负荷增减自如,操作的方便程度优于引进的水煤浆气化装置;自动化程度高,全部采用集散控制系统(DCS)控制，特别是氧煤比投自动串级控制，气化炉操作简单方便；整个气化系统运行状况稳定；工艺技术指标极为先进；洗涤冷却室液位可控，无带水带灰现象发生；合成气中细灰含量低；含渣水系统热回收效率高，灰水温度得到最大程度提高。

3)示范装置主要工艺指标：华鲁恒升化工有限公司气化装置采用神府煤，国泰化工有限公司采用北宿精煤，两种煤的煤质分析列于表1。气化炉出口合成气典型组成列于表2。

表3给出了采用相同煤种时多喷嘴对置气化炉与Texaco水煤浆气化炉主要工艺指标的比较。从表中可见，同样采用北宿精煤的国泰化工有限公司多喷嘴对置气化炉与鲁南化肥厂Texaco气化炉相比，碳转化率提高3个百分点以上，比氧耗降低约8%，比煤耗降低2%～3%；同样采用神府煤的华鲁恒升化工有限公司多喷嘴对置气化炉与上海焦化厂Texaco气化炉相比，碳转化率提高3个百分点以上，比氧耗降低约2%，比煤耗降低约8%左右。工业运行结果表明，多喷嘴对置气化炉工艺指标先进，运行稳定可靠。

表1　工业示范装置煤质分析结果

煤　　种	神府煤	北宿精煤
Mad，%	6.98	3.30
Ad，%	4.56	7.32
Vd，%	30.58	50.57
固定碳，%	64.87	42.11
总硫，%	0.43	2.51
热值，kJ/kg	30 170	31 059
元素分析，wt%		
C	71.23	74.73
H	6.08	5.13
N	1.00	1.20
O	14.76	8.77
S	0.46	2.60
Ash	4.90	7.57
气化装置	华鲁恒升	兖矿国泰

表2　气化炉出口典型合成气组成

气化装置	华鲁恒升	兖矿国泰
H_2	34.85	36.33
CO	47.78	48.46
CO_2	16.80	14.21
H_2S	0.03	0.71
CH_4	0.02	0.05
N_2	0.43	0.24
其他	0.09	—

表 3　多喷嘴对置气化炉中试装置与 Texaco 水煤浆气化炉工业装置工艺指标比较

	多喷嘴对置气化炉		Texaco 气化炉	
煤种	北宿精煤	神府煤	北宿精煤	神府煤
单炉生产能力，t 煤/d	1000	750	400	500
操作压力，MPa	4.0	6.5	3.0	4.0
煤浆浓度，%	～61	～60	～63	～60
有效气成分，($CO+H_2$)%	～85	～83	82～83	～80
碳转化率，%	＞98	＞98	～95	～95
比氧耗，$Nm^3 O_2$/1 000 Nm^3($CO+H_2$)	～309	～400	～336	～412
比煤耗，kg 煤/1 000 Nm^3($CO+H_2$)	～535	～581	～547	～631

(三)煤气化技术发展面临的主要问题与发展趋势

1. 大型化

现代过程工业(化工、发电、多联产、制氢等)发展的一个显著标志就是大型化、单系列，这就对作为龙头的煤气化技术提出了更高的要求：必须向大规模高效的方向发展。以煤间接液化为例，生产规模为 5 Mt/a 的生产装置，气化用煤在 22 Mt/a～25 Mt/a，需 3 kt/d的气化装置 25 台左右，需求十分惊人。

气流床的特点决定了其有提高温度、增加压力、强化混合的最大潜力，是大型化的必选技术。已工业化的煤气化技术主要有固定床、流化床和气流床，而目前规模 1 kt/d 以上的煤气化装置均采用高压气流床技术，就是一个明显的例证，可见其优势所在。

单喷嘴的容量总是受一定的限制，采用多喷嘴是扩大单炉容量较为方便的方法，而且易于调节，特别适用于调峰发电。如 Shell 大容积的气化炉(4 kt/d)就考虑增加一对喷嘴，即 6 个喷嘴对喷的形式；GSP 气化工艺在大容量时也考虑采用多喷嘴。华东理工大学的水煤浆气化技术和干煤粉技术也都是采用多喷嘴。

2. 提高煤种适应性

已经工业化的气流床气化技术相比较而言，干煤粉气化没有成浆性能的限制，水冷壁结构可适应灰熔点高达 1 600℃～1 700℃的煤种。因此从煤种适应性而言，以干煤粉为原料、水冷壁式耐火衬里的气化技术最有前景。

拓宽煤种适应性的主要技术途径就是采用水冷壁式气化炉，使其既可用于水煤浆气化也可用于干煤粉气化。当系统为化工合成就选用水煤浆原料的水冷壁气化炉(适合高压)，当用于发电就选用干煤粉原料的水冷壁气化炉(压力要求相对较低)。

三、煤液化技术

我国石油资源匮乏，煤炭相对丰富，通过煤液化(直接液化或间接液化)将煤转化为液体燃料，对解决液体燃料短缺，保障国家能源安全具有重要意义。

(一)国外煤直接液化技术进展

煤炭直接液化早于20世纪30年代,40年代在德国实现工业化生产。目前世界上有代表性的煤炭直接液化工艺列于表4,分别是:德国的IGOR工艺(联合原油精炼工艺)、日本的NEDOL(新能源产业技术机构)工艺和美国的HTI(烃技术公司)工艺。这些工艺的共同特点是:反应条件与老液化工艺相比大大缓和,压力由过去的最高70 MPa降低至17 MPa~30 MPa,产油率和油品质量都有较大幅度提高,并降低了生产成本[9-10]。

表4 国外煤直接液化技术发展现状

技术名称	技术特点	进展状况
俄罗斯 低压加氢技术	操作压力低,氢气和催化剂消耗低,油收率高(60%~66%),投资省,产品成本低	20世纪80年代发展成熟,因资金问题影响进展,目前正在筹建500 kt/a工厂
德国 IGOR技术	反应条件苛刻,加氢温度470℃、压力30 MPa,煤液化和液化油加氢精制在同一反应器中完成,煤液化转化率高(60%)	1981年建成200 t/d的大型中试厂,并进行了五年试验运转
美国 HTI技术	反应条件缓和,温度为440℃~450℃、压力17 MPa	完成5万桶/天生产装置的基础设计,因经济问题未能工业化
美国 EDS技术	采用供氢溶剂循环加氢,不添加催化剂,反应温度为450℃、压力15 MPa	1986年完成进煤量250 t/d的大型试验装置,主要产品为轻质油和中质油
日本 NEDOL技术	反应温度455℃~465℃、压力17 MPa~19 MPa	1998年建成150 t/d的大型中试装置,为工业化打下基础

虽然目前国内外尚没有新的煤直接液化大型工厂建成或投产运行,国外的研究机构也大多将已开发的成果搁置,但可以认为,该技术已完成基本工艺的研究开发。国外一直未将直接液化工艺产业化的主要原因是,在发达国家由于原料煤价格、设备造价和人工费用偏高等因素导致生产成本偏高,难以与石油竞争。但是随着石油价格的攀升,直接液化工艺将会再次引起人们的关注。

(二)国外煤间接液化技术进展

1923年德国科学家Fischer和Tropsch在10 MPa~13.3 MPa、447℃~567℃下,用加碱的铁屑作催化剂,制得了直链烃类,其后又开发了Co基催化剂,降低了反应温度和压力,为工业化奠定了基础[11]。间接液化的工业化可分为三个阶段,“二战”前及“二战”期间为第一阶段,1936年第一套间接液化工业装置在德国建成,规模为70 kt/a,到1944年德国有9套装置在运转,同一时期,法国、日本、中国有6套装置运行。第二阶段为20世纪50年代至80年代初期,这一阶段的代表是南非的Sasol公司。20世纪50年代,南非由于特殊的国际政治条件和本国的资源条件,成立了Sasol煤油气公司,1955年建成了第一家工厂,规模300 kt/a,其后又在1980年和1982年建成了SasolⅡ和SasolⅢ工厂,Sasol公司成为目前世界上最大的以煤为原料生产合成油和化工产品的综合工厂,总产量达7.1 Mt/a,其中油品占到60%[12]。

20世纪80年代后,煤间接液化技术的发展进入了第三个阶段,其发展的动力不仅是替代石油的需要，而且是由于间接液化合成的油品具有良好的性能，几乎不含 S，是一种优质的燃料[13-14]。这一阶段发展起来的技术主要有，荷兰 Shell 公司的 SMDS 合成中间馏分油（柴油、煤油、石脑油）技术；Exxon 公司开发出 AGC-21 中间馏分油工艺，并完成 200 桶/天中试；南非 SASOL 公司的浆态床馏分油（SSPD）工艺也准备用新开发的钴基催化剂替代原来的铁基催化剂。这些工艺均采用了一个新的过程概念，即合成气在钴基催化剂下最大程度地转化为重质烃，重质烃再经工业成熟的加氢裂解催化剂转化为优质柴油[15]。此外，德国、俄罗斯、挪威等国也加紧了煤/天然气合成柴油的研究开发工作。

煤间接液化过程的核心是催化剂和反应器。催化剂是 F-T 合成过程的核心技术，目前商业化的 F-T 合成催化剂主要为 Fe 基催化剂和 Co 基催化剂。在反应器方面，大型化的反应器主要为浆态床，R. Krishna 和 S. T. Sie 对 F-T 合成反应器的发展过程及浆态鼓泡床 F-T 合成反应器设计和放大的研究开发作了详细的综述[16]。

截至 1998 年，各大公司在 F-T 合成过程催化剂及相关工艺中的专利数见表 5。

表 5　各大公司在 F-T 合成过程催化剂及相关工艺中的专利统计

公　　司	催化剂开发	工艺开发	产品分离与加工
BP	13	4	—
Exxon	71	15	5
Rentech	1	8	—
Sasol	2	3	3
Shell	45	27	13
Statoil	5	3	1
Syntrolem	—	1	—

（三）国内煤直接液化技术开发进展

国内从 20 世纪 70 年代末开始开展煤炭直接液化技术研究。近年来，煤炭科学研究总院北京煤化学研究分院在吸收国外各种工艺技术优点的基础上，完成了适合中国煤种、煤质特点的煤炭液化工艺方案研究与开发。神化集团以煤炭科学研究总院的技术为基础，在上海建立了 6 t/d 油品的煤炭直接液化中试装置，并于 2004 年底顺利运转，产出了油品[17-18]。

2004 年 8 月 25 日神华集团“煤制油”直接液化工业化装置在内蒙古自治区鄂尔多斯市开工建设。这种把煤直接液化的“煤制油”工业化装置在世界范围内是首次建造。该项目总设计规模为年产各种油制品 5 Mt，分两期建设，有 3 条主生产线组成，包括煤液化、煤制氢、溶剂加氢、加氢改质、催化剂制备等 14 套主要生产装置。一期工程总投资 245 亿元，年产各种油制品 3.2 Mt，其中汽油 500 kt、柴油 2.15 Mt、液化气 310 kt、苯及混合二甲苯等 240 kt，计划 2007 年 7 月建成第一条生产线，2010 年左右建成二期工程二条生产线。

神华煤直接液化工艺流程示意图见图 2。洗选后的原煤经皮带机输送到备煤装置，加工成煤液化装置及其他装置所需的煤粉。催化剂原料在催化剂制备装置加工，并与供氢溶剂混合调配成液态催化剂，送至煤液化装置，在高温、高压、临氢和催化剂的作用下，发生裂化反应生成煤液化油送至加氢稳定装置（T-Star），反应剩余的煤粉和部分油质组成的油渣送至自备电站作为燃料。

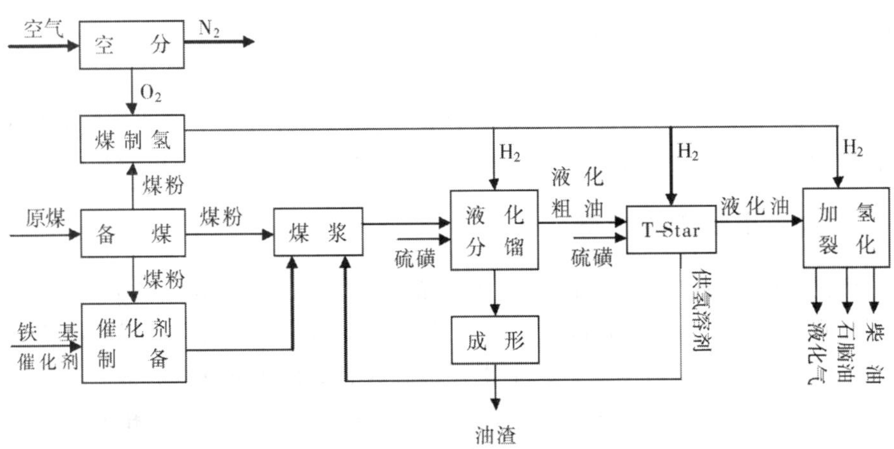

图 2　神华煤直接液化工艺流程示意图

(四)国内煤间接液化技术开发进展

1953 年中科院大连化物所曾建成 4.5 kt/a 流化床铁基合成油中试装置，由于催化剂磨损和黏结等问题，该装置未能顺利运行。其后，由于大庆油田的发现，研究工作中断。中科院山西煤化所将传统的铁催化剂与分子筛改质相结合，开发了改良 F-T(MFT)合成工艺，于 1994 年完成了规模 2 kt/a 中试装置，主要产品为汽油。目前正在开发浆态床合成技术，进行了建设 100 kt 级和百万吨级示范工厂的工程前期研究[19]。2004 年底，兖矿集团建成 5 kt/a 的低温浆态床合成油(间接液化)中试装置，并进行了长周期试验运行，完成了配套铁系催化剂的开发[20]。煤间接液化大规模商业化生产在国外是成熟的，引进技术建设 3 Mt/a 级厂的可行性研究正在进行中。

(五)煤液化技术的发展前景

(1)直接液化技术进步和新技术开发的潜力还很大，如新型催化剂的研究开发，针对中国煤种和煤质特点的新工艺开发，新型高效反应器开发，液化油在线加氢精制，关键设备开发及制造技术等，且在将来产业化过程中，技术进步的需求会更加突出。

(2)国内煤间接液化技术的开发已有很好的基础，开发的技术以低温合成、制取发动机燃料为主，高温合成技术及配套的催化剂研究、合成产品精制及后续化工品再加工等技术均有待进一步开发。两种煤液化工艺在工业示范和将来的产业化过程中，还会有大量工程技术、工艺优化、提高能源效率、大型关键设备的可靠性等问题需要通过不断的技术进步逐步提高解决。产业化的步伐正在加快。

(3)发展煤炭液化是长期的能源发展战略问题，需要不断通过技术创新和技术进步推动产业技术的发展，这一点不但应该引起研究部门或科技管理部门的关注，同时也应该引起企业界的关注，加大科研基础的发展力度，培养高素质的专业化研发队伍，建立研发基地，不断推出创新成果。

四、大规模煤基甲醇合成及相关产品

随着石油价格的大幅度上涨，人们正将眼光转向以煤为原料生产液体燃料和大宗化学品，以替代石油路线。其中，具有代表性的是煤基合成甲醇、合成二甲醚和甲醇制烯烃。

（一）国内外甲醇工业进展

随着超大规模甲醇（Mega Methanol）概念的提出，Lurgi、TopsΦe、Davy 等甲醇技术供应商相继开发出了年产百万吨以上规模的甲醇生产技术，并成功实现了商业转让。如，采用 Lurgi、Davy 技术的 1.7 Mt/a（5 kt/d）甲醇合成装置在南美特里尼达多巴哥投产，另一套于 2005 年 1 月在伊朗投产；年产 2 Mt（6.75 kt/d）甲醇合成装置正在卡塔尔建设，预计 2007 年 5 月投产；7.5 kt/d 和 10 kt/d 的装置也正在考虑建设。这些装置均以天然气为原料，但甲醇合成塔同样适用于以煤为原料的甲醇生产过程。

与国外不同，我国主要以煤炭作为甲醇生产的原料，占 65%，天然气占 30%。国内以煤为原料年产 600 kt 的甲醇合成装置正在建设，年产 1.5 Mt 的甲醇生产装置也在筹划之中。从发展趋势看，单系列、大型化是煤基原料甲醇生产工艺的主要发展趋势，低压高效合成催化剂和浆态床甲醇合成反应器是主要的研究热点。

（二）甲醇制二甲醚

当前，一步法（用合成气直接合成）和二步法（由甲醇脱水制取）合成二甲醚技术有明显进展，国内在进行技术开发及小型示范，已拥有自主知识产权的技术开发成果，正在建设生产装置并进一步完善。国外进入工程开发及工业示范，最近丹麦托普索公司与伊朗 ZAGROS 石化公司签订合同，转让 800 kt/a 二甲醚的专利技术，并提供设计和催化剂，预计这一项目实施将使全球二甲醚产量增长超过 200%，它标志着二甲醚这种绿色能源的应用，将有突破性进展。目前我国主要的二甲醚项目有山东久泰 1 Mt/a，宁夏 830 kt/a。二甲醚的市场取决于其应用技术的成熟和有关商业化的规范标准，如果商业化的有关问题全部得到解决，每年生产 2 Mt～3 Mt 二甲醚所消耗的甲醇大约在 4 Mt 左右。

用二甲醚完全替代柴油的发动机研究和行驶试验还在试验过程，需要在相关问题上作认真地研究。特别是二甲醚使用与柴油有较大的差别，需要在发动机、油箱、储运、销售等方面进行专门的建设和改造，涉及的方面和需要解决的问题较多。

（三）甲醇制烯烃（MTO）、甲醇制丙烯（MTP）

MTO 工艺的技术供应商是 UOP 和 Norsk-Hydro 公司[21-22]。生产 1 t 乙烯消耗甲醇 5.6 t，副产丙烯 0.83 t，丁烯 0.24 t，C_5 0.1 t，燃料气 3.97 t MMBTU[23-25]。国外有两套装置在建：尼日利亚的 UOP 和 Norsk-Hydro 的合资项目，于 2006 年建成，年产乙烯、丙烯各 400 kt；埃及 Eatco 石化也在建一套 MTO 装置，设计能力是 300 kt 乙烯和 250 kt 丙烯[26]。我国伊化集团、榆天化、神华集团都在积极规划 MTO 项目。

1993 年中科院大连化物所完成固定床（1 t /d 甲醇）中试，1995 年完成合成气经二甲醚制低碳烯烃(SDTO)流化床中试。至今,中科院大连化物所 MTO/SDTO 技术已申请 25 项专利,拥有自主知识产权。2005 年与国内某公司合作建成了万吨级 DMTO 工业试验装置,第一阶段工业试验甲醇转化率大于 99.6%,烯烃(乙烯+丙烯)选择性大于 78%[27]。

Lurgi 公司是世界上唯一开发成功 MTP 技术的公司,该公司的大型甲醇(mega methanol)低压合成技术与 MTP 技术两者结合,可以建设大型 MTP 工业装置。该技术的工业示范装置正在伊朗建设,商业化大型装置也在商讨签约中,初定丙烯生产能力为 100 kt/a,拟于 2008 年投产。生产 1 t 丙烯消耗甲醇 3.1 t,副产汽油 0.37 t,燃料气 0.88 tMMBTU。年产 1.7 Mt 甲醇对应建设 300 kt 乙烯生产装置或 500 kt 丙烯生产装置。据有关资料,日产 5 kt甲醇,年产 500 kt 丙烯的 MTP 装置投资估算 2.72 亿美元。2005 年 11 月,Lurgi 公司也向我国某大型煤炭企业转让 MTP 技术,规模为5 kt/d甲醇,474 kt/a丙烯[28]。

随着大规模煤基甲醇合成装置的建设,甲醇生产成本明显下降,加之甲醇制烯烃技术的突破,MTO、MTP 已面临大型商业化。我国聚烯烃缺口量很大,原料消耗巨大,每吨乙烯需化工轻油—石脑油近 3 t,一个 600 kt/a 乙烯装置约需年产 5 Mt 炼厂提供化工轻油。若能采用以煤炭为原料成功地生产甲醇制烯烃技术,无疑是一项有重大意义的突破,将为发展现代煤化工走出一条具有强大市场拉动力的新路子,也可为节省石油资源作出重要贡献。制烯烃所消耗的甲醇量是比较大的,可以达到千万吨级以上。

(四)甲醇及相关产品存在问题及发展趋势

在世界基础有机化工原料中,甲醇消费量仅次于乙烯、丙烯和苯,是一种很重要的大宗化工产品,也是汽车代用燃料必不可少的替代品之一,甲醇下游产品的开发也会进一步促进甲醇工业的发展,因此,甲醇工业的发展前景还是比较乐观的。

1. 生产装置大型化

甲醇工业目前还在一定程度上面临着进口产品的冲击,原因是国内大部分装置规模小、技术落后、能耗高、生产成本高,失去市场竞争力。我国甲醇催化剂已达国际最高水平,新工艺的研发也有较大进展,低压合成反应装置也已基本能生产,关键是装置还比较小,目前国内最大规模的装置为 400 kt/a,国外已有 800 kt/a～1 000 kt/a 的大型装置。2008 年前我国将有 29 套 200 kt/a～600 kt/a 的单套生产装置投产,其中,600 kt/a 5 套,500 kt/a 4 套,300 kt/a～330 kt/a 6 套,200 kt/a～25 kt/a 14 套。

2. 重视新技术加大基础研究

液相甲醇合成工艺具有技术和经济双重优势,在不久的将来会与气相合成工艺在工业上竞争,并趋于完善。因此,应加大对液相合成工艺研究开发力度,开发出自主的先进成套技术。CO_2 加氢合成甲醇、甲烷直接合成甲醇是甲醇工业的热点开发技术。一方面要跟踪国外先进技术;另一方面应加大基础研究工作,尤其是催化剂的研发。

五、IGCC 发电与煤基多联产技术

(一)IGCC 技术的发展趋势

整体煤气化联合循环(IGCC——Integrated Gasification Combined Cycle)发电技术

是将煤气化技术和高效的联合循环相结合的先进动力系统[29]。它由两大部分组成，即煤的气化与净化部分和燃气－蒸汽联合循环发电部分。由于它采用了燃气—蒸汽联合循环，大大地提高了能源的综合利用率，实现了能的梯级利用，提高了整个发电系统的效率，更重要的是它较好地解决了常规燃煤电站固有的污染环境问题[30-32]。

与常规的燃煤电站相比，IGCC 电厂具有提高电厂供电效率的最大潜力，发电效率可从 33%左右提高到 45%左右，具有大型化的优势，单机容量已能做到 300 MW～400 MW，有利于提高规模效益，耗水量少，仅为常规电站的 60%左右可以比较彻底地解决污染问题，是 21 世纪最有前途的发电技术[33-34]。

继续改进和发展 IGCC 的关键技术和系统性能，尤其是其核心技术——煤气化工艺技术，以期尽快实现如下目标[35]：

(1)较大幅度地降低比投资费用，力争降低到小于 1.000 US$/W 的水平；

(2)最大限度地提高装置的效率，力求提高至 50%～52%以上；

(3)增强工艺单元，尤其是煤气化单元的在线运行率，力求使之达到 92%～95%的水平。

降低 IGCC 系统投资成本，进一步提高系统供电效率是未来 IGCC 系统能否与常规发电或超临界发电竞争的关键，采取的技术途径主要是：

(1)推进煤气化技术的大型化，进一步提高效率，保证长周期运行，扩大原料适应性。据报道，Shell 公司已经具备了设计、制造单系列 5 kt/d 气化炉的技术能力。世界商业运行的基于部分氧化工艺的化工气化炉已约 350 台(在线运行率多超过 90%)。

(2)目前 IGCC 装置中均使用低温法进行空气分离，其装置投资较高(约占 15%)、且耗能较大(约使用了系统外输电力的 20%)，因此降低空分系统的成本将有效改善 IGCC 的经济性和效率。美国正在致力于研究开发基于膜分离的空分新技术，并已经取得了相当的进展。

(3) 继续研究高温条件下除尘脱硫，是今后提高系统效率，简化 IGCC 流程，降低其投资费用的一个重要方向。

(4) 发展单机功率大、燃气初温高、热耗率低的燃气轮机。

(5) 向提高蒸汽轮机主蒸汽参数(超高压参数→亚临界参数)的方向发展。

(二)煤基多联产系统[36-38]

探索和发展 IGCC 与化工装置、公用工程相结合的多联产与综合利用系统，形成以煤气化为核心的多联产“能源—化工—公用工程”系统，是改善 IGCC 经济性的根本途径。

以煤气化为核心的多联产系统，是以煤、渣油或石油焦为原料生产合成气。合成气极易脱除硫等污染物，干净的合成气可作为原料进行热、电、气、化联合生产。此外，合成气经过进一步的转化反应和气体分离，可得到氢气和二氧化碳。二氧化碳可以直接被分离出来，得到纯度很高的二氧化碳，而不是在燃烧后被氮气稀释。这样就使二氧化碳的综合利用和埋存成为可能。这是未来全世界十分关注的温室气体二氧化碳减排的重要途径。

多联产系统的实质是多种产品生产过程的优化集成。优化集成之后的产品生产流程比各自单独生产的流程可以简化，从而减少基本投资和运行费用，降低各个产品的成本。同时，系统调节多个产品（尤其是发电）之间的“峰谷”差，使得各流程优化运行。通过对合成气的集中净化，二氧化硫、氮氧化物、粉尘等传统污染物接近零排放。

相对于单纯的IGCC系统，IGCC与化工过程、公用工程相结合的多联产系统更具有优势。由于生产合成气规模的扩大，使得设置多台气化炉互为备用（或单独设置备用炉共用）成为可能，有效地提高了煤气化装置的在线运行率，并大幅降低了投资费用和运行成本。生产的合成气有多种用途，既作为燃气轮机和燃烧炉的燃料，又作为化工产品的基本原料，对于进料和产品都有了很大的灵活性，另外可以向界区外提供水、电、蒸汽、工业气体（氧、氮、氩、氢）。基于此，多联产系统有效地提高了系统物料和热能流的使用效率，并利用规模经济效益降低了电能产品和化工产品、公用工程的成本。

目前世界上多联产IGCC系统已经有了成功运行的业绩和经验，在美国的Eastman、荷兰的Shell Penis和意大利的ISAB Energy均有投产装置，并取得了良好的经济效益和环保效果。另外还有多个多联产IGCC装置正在建设或拟建之中。由于多联产IGCC在技术和经济上有独特优势，预计它将在未来的石油化工中发挥重要的作用，并将成为IGCC今后大型商业化应用的突破口和未来发展方向。

（三）国内外多联产系统的规划与发展

美国能源部的“21世纪展望”[39-40]、荷兰Shell的“合成气园”[41]、日本的新能源计划均描绘了先进的煤资源利用蓝图——以煤气化为基础的多联产系统，把电、热、化学品、液体燃料、氢燃料联产、联供有机组合为整体，实现最高效清洁地利用煤炭资源。

国内清华大学[42]、中科院过程研究所[43]、中科院工程热物理研究所[44-45]、太原理工大学等也提出了不同的多联产系统构成设想。“十五”期间，由国家“863”计划支持，兖矿集团建设了年产200 kt甲醇、60 MW发电的多联产概念示范项目，气化采用华东理工大学开发的新型多喷嘴对置水煤浆气化技术。该项目已通过国家相关部门组织的验收。

（四）煤基多联产系统面临的科学和技术问题

尽管多联产系统某些单元技术在研发和产业化方面取得了相当的进展，但是将这些单一的单元过程集成为一个多联产系统仍然面临诸多的科学和技术问题需要研究和解决。

从技术上讲，还需要将煤气化技术进一步大型化需要高温净化技术、需要大型化的甲醇、油品、烯烃等的合成技术、需要CO_2的富集，减排和转化利用技术、需要先进的燃气轮机技术、需要先进的制氢和燃料电池技术。

解决这些技术问题，涉及煤化学、化学工程（分离工程、反应工程）、热能动力工程、过程系统工程等学科的交叉和融合，会产生新的学术生长点，面临一系列新的科学问题需要研究，诸如煤的结构与反应活性、碳一化工中的合成与催化、多相反应流动、先进燃料电池的理论基础、过程优化、控制、集成理论等等。

参考文献

[1] CORNILS B, HIBBEL J, et al. Gasification of hydrogenation residues using the Texaco coal gasification process. Fuel Proc. Tech, 1984, 9(3): 251-264.

[2] SCHäFER W, TRONDT M, et al. Coal gasification for synthesis and IGCC processes: Results of the development of Texaco coal gasification by Ruhrkohle AG/Ruhrchemie AG. Fuel Proc. Tech, 1984, 17(3): 221-234.

[3] U. S. department of energy(doe). The Wabash River coal gasification repowering project. final technical report, 2000, 8.

[4] DOERING E L, CREMER G A. The Shell coal gasification process: the Demkolec project and beyond. Proc. Am. Power Conf., 1994, 56(2): 1686-1691.

[5] DOERING E L, CREMER G. A. Advances in the Shell coal gasification process. Prepr. Pap. Am. Chem. Soc., Div. Fuel Chem., 1995, 40(2): 312-317.

[6] THOMPSON D, ARGENT B B. Prediction of the distribution of trace elements between the product streams of the Prenflo gasifier and comparison with reported data. Fuel, 2002(81): 555-570.

[7] SCHELLBERG W. Prenflo for the European IGCC at Puertollano. Proc. Annul. Int. Pittsburgh Coal Conf., 1995(12): 58-63.

[8] HIGMAN C, BURT M V D. Gasification. Burlington. USA: Elsevier Science, 2003: 120-122.

[9] 舒歌平，史士东，等. 煤炭液化技术. 北京：煤炭工业出版社，2003：28-30.

[10] 高晋生，张德祥. 煤液化技术. 北京：化学工业出版社，2005：235-237，414-415.

[11] ANDERSON R C. The Tischer-Tropsch Synthesis. Academic Press Inc.. New York, 1984.

[12] SIE S T. Process development and scale up Ⅳ: Case history of the development of a Fischer-Tropsch synthesis process. Rev Chem Eng, 1998, 14(2): 109-157.

[13] LI X G, ZHONG B, et al. Cat. Lett., 1990, 67: 1-9.

[14] XU L G, RAJE A P, et al. Comparison of reactors in coal liquefaction. Catalysis Today, 1994, 19(3): 421-436.

[15] KNOTT D. Gas to liquids projects gaining momentum as process list grows. Oil Gas J, 1997, 95(25): 16-21.

[16] KRISHNA R, SIE S T. Design and scale-up of the Fischer-Tropsch bubble column slurry reactor. Fuel Process Technology, 2002(64): 73-105.

[17] 王庆明，孙书生. 神华煤直接液化项目工程示范性的思考. 煤化工，2006(3)：1-4.

[18] 杜铭华. 煤液化合成油及煤基甲醇发展的几点讨论. 煤化工，2006(2)：1-4.

[19] 相宏伟，唐宏青，李永旺. 煤化工工艺技术评述与展望Ⅳ：煤间接液化技术. 燃料化学学报，2001，29(4)：289-298.

[20] 张鸣林，韩梅. 兖矿集团煤炭间接液化项目的进展及其煤气化多联产系统的应用前景. 中国煤炭，2006，32(2)：8-9.

[21] MARCHI A J, FROMENT G F. Catalytic conversion of methanol into light alkenes on mordenite-like zeolites. Appl. Catal., 1993, 94(1): 91-106.

[22] 应卫勇，曹发海，房鼎业，编. 碳一化工主要产品生产技术. 北京：化学工业出版社，2004.

[23] AGUAYO A T, GAYUBO A G, et al. Role of acidity and microporous structure in alternative cata-

lysts for the transformation of methanol into olefins. Applied Catalysis A: General, 2005 (283): 197-207.

[24] KEIL F J. Methanol-to-hydrocarbons: process technology. Microporous and Mesoporous Materials, 1999(29):49-66.

[25] DAHL I M, MOSTAD H, et al. Structural and chemical influences on the MTO reaction: : a comparison of chabazite and SAPO-34 as MTO catalysts. Microporous and Mesoporous Materials, 1999(29): 185-190.

[26] 邢媛. 甲醇下游产品市场开发及展望. 见:2006 中国煤炭加工与综合利用技术、市场、产业化发展战略研讨会论文集. 2006:180-182.

[27] 贺永德. 国内外 MTO、MTP 技术进展. 甲醇与甲醛,2005(5):22-25.

[28] 何海军,韩金兰,王乃计. Lurgi MTP 工艺的技术经济分析. 煤质技术,2006(3):45-47.

[29] 焦树建. 燃气一蒸汽联合循环的理论基础. 北京:清华大学出版社,2003.

[30] 焦树建. 关于目前世界上 IGCC 发展情况与趋势的评论. 燃气轮机技术,2004,17(3):1-5.

[31] 焦树建. 论 ICCC 技术在石化企业中的应用. 燃气轮机技术,1999,12(4):8-14.

[32] IRWIN STAMBLER. Gasification meeting looks at new Petcoke Plants and IGCC design. Gas Turbine world,2000(6):22-25.

[33] IRWIN STAMBLER. Improved IGCC designs Cutting costs and Improving Efficiency. Gas Turbine world,2001(5):2-26.

[34] IRWIN STAMBER. Calpine sees coal-based IGCC plants generating Power for $40 per MWh. Gas Turbine world,2002(4):17-20.

[35] PRUSCHEK R,OELJEKLAUS G. The role of IGCC in CO_2 abatement. Energy Convers. Mgmt, 1997,38(suppl):s153-s158.

[36] 蒋德军. 以部分氧化工艺为核心的 IGCC 技术进展. 炼油技术与工程,2005,35(8):1-6.

[37] 焦树建. 对目前世界上五座 ICCC 电站技术的评估. 燃气轮机技术,1999,12(2):1-15.

[38] 李现勇,肖云汉等. 整体煤气化联合循环(IGCC)技术的发展和应用. 热能动力工程,2001,16(96):575-578.

[39] Vision 21 technology roadmap[EB/OL]http://www. netl. doe. gov.

[40] Vision 21 program plan clean energy plants for the 21st century[EB/OL]http://www. netl. doe. gov.

[41] ERIC D,LARSON,et al. Synthetic fuels production by indirect coal liquefaction. Proceedings of the workshop on coal gasificaton for clean and secure energy for China. Beijing:2003,8:177-206.

[42] 倪维斗,李政. 以煤气化为核心的多联产能源系统——资源/能源/环境整体优化与可持续发展. 中国工程科学,2000,2(8):59~68.

[43] WANG J G,YAO J Z,et al. A new approach to study fast pyrolysis of pulverized coal. Proceedings of the 7th International conference on circulating fluidized beds (CFB7). Niagara Falls,Canada: 2002,3: 61-62.

[44] 金红光,郑丹星. 煤基化工与动力多联产系统开拓研究. 工程热物理学报,2001,22(4):397-400.

[45] 金红光,王宝群,等. 化工与动力广义总能系统的前景. 化工学报,2001,52(7):565-571.

撰稿人:王辅臣　邹建辉　龚欣　刘海峰　于广锁　于遵宏

石油化工学科进展

一、引言

石油化学工程是化学工程学科的一个重要组成部分，是一门研究以石油和天然气为原料生产有机化工产品过程中具有共性本质规律的分支学科。

由于石油炼制工业的发展，1941 年 Mobil 公司建成了首套以炼厂气为原料的乙烯装置。从此，有机化工原料逐渐由传统农副产品、煤/乙炔路线转向石油化工路线。而与以三传一反（动量传递、热量传递、质量传递和化学反应工程）为基础的化学工程学科结合又逐渐衍生出石油化工学科。

半个多世纪以来，石油化工学科的研究进展推动和支撑了石油化学工业的发展。可以说包括 21 世纪涌现的众多新工艺都毫无例外地体现着学科的支撑和贡献。以乙烯的经济规模发展为例，上世纪 90 年代为 600 kt/a，近年来发展到 1 Mt/a。新建装置一般都在1.4 Mt/a～1.5 Mt/a，单台裂解炉产能已达 250 kt/a。从技术层面分析，乙烯装置规模的迅速增长与化学工程众多分支学科的贡献是分不开的。裂解炉放大首先要对炉内发生的数千个反应有所了解，尤其是辐射段炉管的收率分布、工艺介质温度和压力分布、热通量及管壁温度分布、结焦速率分布等信息，必须得到以数模及各种软件为基础的化工热力学和动力学研究结果作支撑。大型化还必须得到化工机械与设备学科的支撑。一套1.4 Mt/a的乙烯装置，其裂解气压缩机功率为 56 MW，比 600 kt/a 装置增加 60%，乙烯和丙烯分离塔径达 6 M，塔内流体已不遵守传统流体力学公式，需要用计算流体力学软件（CFD）加以修正[1]。甚至给流体测量与仪表仪器和化工自动化等学科都带来麻烦。所以，没有化学工程各分支学科的研究成果作支撑，乙烯装置的大型化是不可能的。

二、石油化工学科发展状况

经过多年努力，我国在石油化工领域内已取得了一大批重大科技成果。其中主要包括：100 kt/a 乙烯裂解炉；200 kt/a 乙苯/苯乙烯成套技术；有“绿色生产成套技术”之称的己内酰胺新组合工艺技术；国产化 130 kt/a 大型丙烯腈反应器；C_4/C_5 烯烃催化裂解制乙烯和丙烯；环氧乙烷催化水合制乙二醇；甲苯歧化与烷基转移制对二甲苯大型化技术等。这些成果表明我国石油化工学科在部分领域与国际先进水平的差距正在缩小。

石科院和中国石化巴陵分公司等共同开发的己内酰胺绿色工艺包括中国石化巴陵石化与湖南大学合作开发的模拟细胞色素 P-45 单充氧酶催化机理，以金属卟啉类为催化剂的环己烷仿生催化氧化制环己酮工艺；石科院开发的以新型空心结构钛硅分子筛（HTS）为催化剂的环己酮氨肟化“原子经济”反应合成环己酮肟；石科院开发的以非晶态镍为催化剂采用磁稳定床的己内酰胺加氢精制三项新工艺。与传统技术路线比较，新成套技术简化了工艺流程，减少了装置投资费用，提高了产品质量，降低了物料消耗及三废排放，经济效益和社会效益良好，因而具有良好的应用推广价值。而且其中三项新工艺，国外虽经多年开发，但至今仍未工业化[2]。中国石化上海石油化工研究院开发的甲苯歧化成套工艺及催化剂、中国石化北京化工研究院开发的聚丙烯催化剂、石科院开发的深度催化裂化(DCC)工艺技术等出口境外，所以从这个意义考虑，我国石油化工学科在某些领域具有国际领先水平。

但客观地看，总体水平与国际先进水平尚有一定差距，并主要表现在以下方面。

第一，学科创新能力比较薄弱。从上世纪70年代开始引进国外先进技术后，学科主要研究工作放在配合引进技术的消化吸收。虽也取得不少成果，但基本上步发达国家后尘。例如乙烯裂解炉开发，现在规模已能达到100 kt/a以上，与Lummus合作开发的裂解炉为150 kt/a以上。但Lummus正在开发的SRT-X裂解炉已达300 kt/a[3]。另外，在现有学科成果中具有原创性的学科研究成果并不很多。与日本相比，我国石油化工起步时间大致接近，但日本20世纪50年代和60年代从欧美引进包括乙烯在内成套技术后，70年代便向我国输出技术。而且从80年代起不断开发出新技术和新工艺，如1982年旭化成公司的异丁烯(叔丁醇)制甲基丙烯酸甲酯、1990年旭化成的苯部分加氢制环己烯、2003年住友化学基于异丙苯法的环氧丙烷以及近期千代田公司的基于固载化铑催化剂和三相床的Acetica工艺等。

第二，化工机械设备制造水平仍跟不上发展要求。尽管我国化工过程装备技术取得长足的进步，但面对生产装置向大型化和集成化方向的发展，制造技术又出现了脱节。例如百万吨级大型乙烯装置中45 770 kW裂解气压缩机还不能自己制造；乙烯球罐最大容积虽达1500 m^3，但国外最大已达3700 m^3；板式换热器最大规模已达4 000 m^2，但国外最大已达1.5 Mm^2；用于乙烯冷箱的板翅式换热器最大单体外形可达6 m×1.1 m×1.154 m，最高压力为5.12 MPa，而国外最高压力已达9.0 MPa；还有PTA生产中的主要设备，如氧化反应器、加氢精制用反应器等仍需依赖进口。目前国内包括乙烯在内大型石油化工生产装置之所以处于重复引进，其中化工机械设备制造水平是重要原因之一。

第三，学科前沿领域的研究进度相对较为缓慢。以适用于分离三组分、可将两个蒸馏塔结合在一起的分壁塔为例，5年前全世界仅5座，但因可使装置投资费用节省25%以上，所以到2005年已达60座之多，其中用于南非Sasol公司回收1-辛烯的分壁塔高达107 m，为世界之最[4]。相比之下，我国分壁塔开发尚处于起步阶段。

三、我国石油化工学科新进展

作为一门应用性学科，石油化工的学科研究进展主要来自化学工程中各基础学科的贡献，如化工热力学、包括催化剂工程和催化反应工程在内的化学反应工程等，主要发展研究进展体现在以下几个方面。

(一)催化反应工程研究

催化反应工程研究为新催化剂开发和工业装置的优化运行提供重要理论依据。催化反应工程是研究与工业催化剂的选用、制备、设计及改进等有关的工程研究，也是化学反应工程重要的组成部分之一。其常见研究问题包括催化动力学参数测定；颗粒催化剂活性组分分散度表征；异形载体或催化剂制备及性能研究；分子筛催化剂内的分子工程与择形性研究等。

乙烯氧化制环氧乙烷是一个强放热反应，因而，缩短反应物在催化剂载体内的扩散路径，降低催化剂粒内温升，有利于提高产物环氧乙烷的选择性。中国石化燕山分公司研究院在综合考虑环柱状银催化剂反应传质—传热过程前提下，获得了催化剂曲折因子、有效导热系数等数据，精确地预测了催化剂内部浓度、温度及选择性，在此基础上开发了 YS-系列催化剂，其中最新研制的催化剂选择性已达 86%～88%。为实现该工艺操作的最优化，该研究院又以 YS-6 催化剂为试样，建立了乙烯氧化制环氧乙烷反应器的一维数学模型，即将催化剂粒子与流体当作均相物系来考虑，轴向有温度与浓度的变化，径向无温度与浓度的变化，进行了反应器在不同操作条件下的模型计算，并与使用 YS-6 型催化剂生产装置的开车考核数据进行了对照验证。结果表明两者基本吻合，从而确定优化的工艺条件为：在氮气和甲烷致稳条件下，入口氧浓度分别控制在 7%和 8%；乙烯和 CO_2 浓度控制分别为 30%和不大于 6%为宜[5]。

华东理工大学在乙烯氧化制环氧乙烷反应器数学模拟比较的基础上，提出了薄壁多通孔银催化剂概念，从而为新催化剂的开发提出新的途径。通过工程研究比较，薄壁多孔状银催化剂(12 孔)的环氧乙烷选择性高达 89.9%[6]。

前几年，工业用裂解汽油一段加氢 Pd/Al_2O_3 催化剂的二烯烃转化选择性仅约 35%，耐毒物和胶质的性能较差，难以适应高空速、长周期和宽馏分要求。中国石化上海石油化工研究院根据动力学研究结果，认定该加氢反应属内扩散控制反应，开展了以下工作：①采用具有较大孔径、孔分布较集中的载体，以降低深度加氢即烯烃饱和副反应，提高选择性；②采用拉西环或三孔圆柱体等异形载体以强化反应过程传热和传质，降低反应床层压降；③制备薄壳型催化剂，使 Pd 层变薄，晶粒尺寸适中，晶粒分布合理；④加入电负性较大的元素作助催化剂，既可在高温下与 Al_2O_3 载体形成稳定铝盐，又可改善 Pd 晶粒电负性，还改善了 Pd 活性中心对共轭烯烃的吸附性能和抑制部分多余活性中心的作用。所开发的 SHP-01 催化剂在入口温度 40 ℃，反应压力 2.3 MPa，氢油比 50 ∶ 1，空速 5 h^{-1}条件下，双烯加氢率均高于 92%，双烯加氢选择性高于 50%，出口氢油双烯值小于 1.0 g I/100 g油[7]。该 SHP 系列催化剂已在中国石化中原石化 80 kt/a 和广州石化 150 kt/a裂解汽油一段加氢装置上成功应用。

C_4 烯烃裂解制乙烯和丙烯是近年来国内外研究开发的热点技术。反应机理研究表明，水蒸气加入可降低 C_4 烯烃分压、抑制氢转移反应和缩合结焦反应，所以催化剂 HZSM-5 分子筛的水热稳定性至关重要。而水热稳定性又与分子筛中骨架铝的稳定性密切相关。根据水蒸气条件下分子筛骨架脱铝存在“动态平衡”的概念，组装非骨架铝可抑制骨架脱铝反应，同时通过组装金属及氢化物引入稳定的催化活性位，还能提高催化剂对 C_4 烯烃的催化活性。在此研究基础上，上海石油化工研究院采用 P-Al-稀土复合改性，提高了催化剂水热稳定性，在临水蒸气条件下，催化剂再生周期可达 3 100 h，丙烯收率大于 30%，显示出良好的工业应用前景。目前该技术已在中国石化上海石化股份有限公司完成中试验证[8]。

(二)新反应器的设计和研究

化学工程中最基本议题之一是按特定反应过程的目标,认识不同反应过程的行为特征,并以此为依据研究最合理的反应器[9]。所以,除开发高性能催化剂外,还必须开发出与其相适应的反应器,这样才能使反应效果得到进一步的提升。

磁场流化床是在普通流化床基础上增加了外磁场。而磁稳定床是磁场流化床的特殊形式,它以磁性颗粒为固相,在轴向、不随时间变化的空间均匀磁场下形成的、只有微弱运动的稳定床层。它兼有固定床和流化床的许多优点。可以像流化床那样使用小颗粒固体催化剂而不至于造成过高压降,外加磁场可有效控制相互返混,床层内部不易出现沟流,可以改善相间传质,可以避免固体催化剂颗粒流失,且催化剂装卸非常方便。所以,它有很高开发价值和良好应用前景。2004 年由中国石化石油化工科学研究院开发的磁稳定床反应器在中国石化巴陵分公司以非晶态镍为催化剂的 250 kt/a 己内酰胺加氢精制装置使用,一次开车成功。这是国际上磁稳定床反应器首次在大规模石化装置应用成功。在空速高达 30 h^{-1}下,对 PM(产品中杂质含量指标,高锰酸钾值,PM 值高,产品纯度高)为 50 s、质量分数为 30%的己内酰胺水溶液加氢后 PM 值达 3 000 s 以上,远高于原工艺的 300 s～400 s[2]。目前,石油化工科学研究院和巴陵分公司又打算将该磁稳定床用于2-乙基蒽醌加氢生产 H_2O_2 工艺,而且小试表明氢化效率可达 7 g/L～8 g/L,优于固定床技术的6 g/L～7 g/L[10]。

与通常固定床反应器相比,浆床三相反应器的优点有:①以液相溶剂为热载体,大大改善了传热和传质过程,并更适用于强放热化学反应过程;②反应器内部温度均匀,从而提高了催化剂选择性;③可在线更换催化剂,提高了设备利用率;④操作弹性大,适用性强。目前国外已将浆床三相反应器用于费托法制合成油、合成气液相法制甲醇工艺。清华大学自主开发出一种新型构件循环浆床反应器,这种构件可使气泡在反应器的轴向分布均匀,起到破碎气泡和防止气泡聚合的作用;同时还促进反应器内径向的混合,从而抑制反应器内轴向的返混,有利于在轴向建立浓度梯度以提高转化率。2004 年清华大学与重庆英力燃化有限公司合作进行了 3 kt/a 二甲醚工业中试。结果表明:CO 单程转化率达 60%以上,二甲醚选择性达 94%,明显优于国外同类工艺水平[9]。

由于三相操作,一些气固反应中并不突出的问题,如气速、液速等工艺条件与流动/传热条件下的协调问题往往会变成难以解决的问题,所以在设计三相反应器时必须对两者都进行修正。华东理工大学分析了气相法和液相法苯加氢制环己烷工艺弊端以及引进装置中双反应器流程的不足之处,修正和解决了原有三相反应中工艺条件和流动/传热条件协调过程中出现的问题,在此基础上开发了"可控连续相变填充床三相反应器"(见图 1),使气液相加氢可在同一反应器进行,从而简化了流程(见图 2)。由于床层下段反应热可通过液相物料的汽化将其撤除,所以达到节能目的。一个反应器就能使原料转化率在99%以上[9]。

近年来在引进技术消化吸收基础上,国内开发了多种具有创新性的反应器或器内构件,在石油化工生产装置扩能等方面产生良好的效果。例如清华大学等开发的用于丙烯

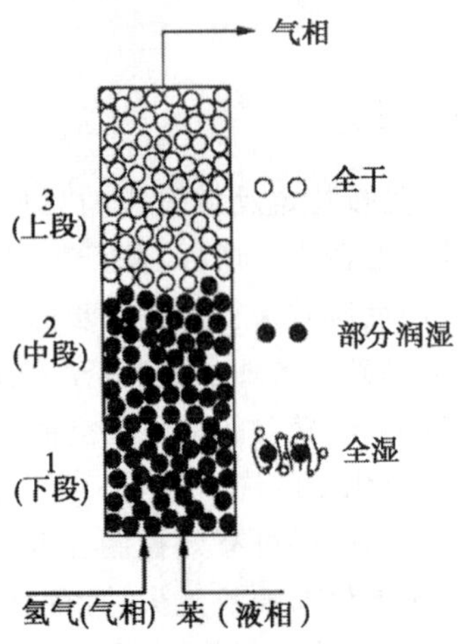

图 1　反应器内部相变示意图

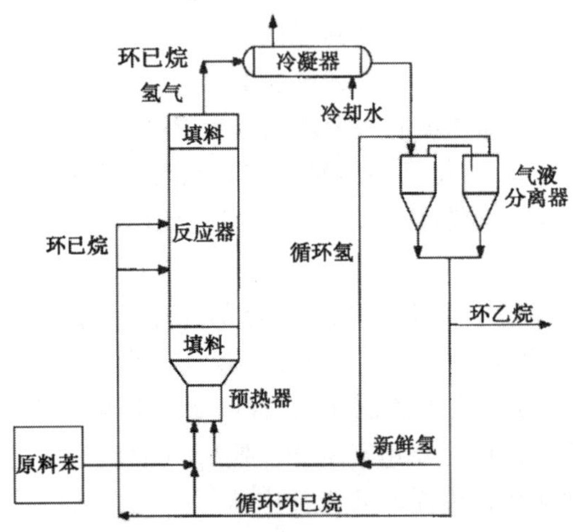

图 2　连续相变法苯加氢工艺流程

腈生产的流化床反应器内构件开发就是典型一例。尽管反应用催化剂粒径细至 40 μm～50 μm，但要求剂耗控制在 0.4 kg/t 产品以下，所以国外一般采用“一大串二小”或“三级”旋风分离器。新开发技术改用两台串联旋风分离器，不仅优化了分离性能，而且所占空间小，安装方便，而且还可将旋风分离器组数增加一半，所以十分适合装置扩能改造。另外在丙烯、氨分布器和空气分布板方面也有创新设计，将树状分枝结构的丙烯、氨分布器改为多重圆环或管系结构，最大程度地实现喷嘴空间均匀分布；通过增设脊形帽罩又可使空气射流由垂直向上喷射改为水平交错喷射，从而改善了气体分布状况，还防止了停车时催化剂向下泄漏和正常操作时催化剂在孔间的堆积。改造后的反应器已在中国石化上海石化股份有限公司 130 kt/a 扩能改造中应用[11]。

目前工业用乙苯脱氢制苯乙烯大多数采用 Lummus 和 Fina 两公司为代表的绝热径向反应器。但我国自主开发的是绝热轴径向二维流动反应器。这种在径向反应器基础上发展出来的新反应器，将反应器顶的机械密封盖去掉，使得原催化剂封内的催化剂也得到利用,流体流过催化剂封内催化剂时,便形成独特的轴径向二维流动。它的特点是:结构简化、装卸催化剂方便,由于消除了催化剂死区,所以有效地提高反应器利用容积,提高了选择性,也减少了副反应;采用薄床层径向流动技术,反应器压降小,更适应负压工艺要求。由中国石化组织的众多单位合作完成的该脱氢反应器已集成于中国石化开发的乙苯/苯乙烯成套技术中,在齐鲁石化 200 kt/a 乙苯/苯乙烯装置上得到应用。据称,该反应器直径为 3 200 mm,高度 26 mm 的薄床层径向反应器是目前我国已投运的最大国产化薄床层径向反应器。工业运行良好,在乙苯转化率为66.32%时,苯乙烯选择性为97.08%,达到当前国外同类工艺技术水平[12]。

反应器是甲苯歧化工艺中最关键的设备。但轴向绝热式固定床反应器在放大上存在诸多工程问题。上海石油化工研究院在冷模装置中研究了气体分布器对反应器内流场的影响、表观速度对反应器内速度分布的影响、分布器环隙对反应器内速度分布的影响以及反应器内的压力分布,结果表明气体分布器和惰性填料层是固定床内气体均匀分布的重要手段[13]。在此基础上完成了用于镇海炼化 1 Mt/a 甲苯歧化与烷基化转移装置中的大型轴向流固定床反应器设计和制造,使成套技术的总体水平达到国际先进水平,现该装置已连续运行近两年[14]。目前正在实施用于世界规模最大的新疆独山子石化公司1.8 Mt/a甲苯歧化与烷基转移装置的更大反应器的设计。

双酚 A 的合成一般采用两台串联固定床反应器或单台内分上下两层叠加固定床反应器,并用夹套冷却水移去反应热,反应液由反应器底部排出,也有的反应器采取多点进料形式。这类反应器优点是结构简单,制作费用低,操作容易,催化剂一般不易磨损或带出,设备使用寿命较长,并能严格控制反应停留时间,但固定床层内存在反应温度梯度,尤其当装置规模较大时,反应设备体积也相应增大,受床层移热手段限制,床层存在较大的径向和轴向温差,有时甚至高达 10 ℃～20 ℃。对此,天津大学在中国石化资助下合作开发了多段悬浮床反应器[15]。据称,GE 和 Dow 化学公司也都在开发悬浮床汽提反应技术,但目前还未见建工业装置的报道。根据 Lummus 公司对天津大学开发的双酚 A 成套技术的评价,其总体水平达到目前国际先进水平。

(三)高效分离工程研究是提高产品收率和降低物耗与能耗的重要手段

化工分离技术是化学工程的一个重要分支。从原料的精制、中间产物的分离、产品的提纯和三废处理,任何化工生产过程都离不开分离技术。它往往是节约能源、充分利用资源和控制环境污染的关键步骤。在石油化工产品生产过程中,产品回收提纯的改进也是提高产品收率的重要途径之一。以丙烯氨氧化制丙烯腈为例,通过催化剂改进,单程收率已达 80%,继续依赖催化剂提高收率已有较大难度。但我国引进技术时,产品精制回收率仅 90%。所以通过采用先进提纯技术提高产品精制回收率潜力较大。上海石油化工研究院通过急冷过程丙烯腈聚合动力学和扩散动力学的基础研究,采用新型内构件改善了急冷塔内气、液流场分布,减少了急冷塔下段釜液在塔釜中的提馏时间,抑制了塔釜液相中丙烯腈自聚反应与丙烯腈和氨的加成反应,使丙烯腈聚合损失降低 50%,精制回收率从 90%左右提高到 94%[16]。该技术已在国内 8 套引进装置中的 6 套上推广应用。在此基础上进一步开展了冷热模研究,分析了气液传热和流场分布,开发了急冷塔气相段新型内构件，优化了急冷塔工艺参数，缩短了反应气体从200℃～80℃的急冷时间，有效地降低了急冷塔内丙烯腈气相聚合，使丙烯腈精制回收率上升至96.1%，并在中国石化齐鲁分公司40 kt/a工业装置得到验证。从而为国内新建丙烯腈装置建设和老装置的技术改造提供了有力的技术支撑[17]。

精馏是化学分离工程中的一个重要组成部分。为了达到节能降耗目的，国内已开发了多种规整填料和可供选择的塔器。其中天津大学开发的具自主知识产权的新型规整填料和相关的气液分布器技术，在大型塔工业化方面取得很大进展，国内外使用该校高效规整填料精馏塔的数量已超过6 000座[18]。采用该校"具有新型塔内件的高效填料塔技术"对40 kt/a引进苯酐装置进行技术改造，可将产量提高至55 kt/a以上，产品质量能满足高档增塑剂和高档树脂要求，同时残渣排放量大幅下降[19]。

开发出的新塔器很多。如河北工业大学的立体传质塔板（CTST）、华东理工大学研制的导向浮阀塔板和组合导向浮阀塔板、浙江大学的穿流筛板复合塔、清华大学/上海惠生公司的斜孔复合塔板等。其中穿流筛板复合塔是一种利用塔板间的气相空间将穿流筛板与填料相结合的新型塔板。该塔已成功地用于乙醇精馏、丙酮精馏、甲醇回收等过程。采用48块复合塔板代替48块林德泡罩塔板，塔径、板间距不变，塔的通量可由原来的1 m^3/h～2 m^3/h增加到3.0 m^3/h，塔顶甲醇水含量从1.19%下降至0.8%。用以改造丙酮塔，塔径仍为500 mm，塔顶产品量从40 kg/h提高到150 kg/h，进料浓度75%，塔顶产品浓度达99.8%，而改造前用浮罩塔，两次精馏，塔顶丙酮浓度才能达到99.7%。

斜孔复合塔板，是一种斜孔交错的塔板，塔板上有合理的汽液流动，气体以水平方向喷出，相邻孔喷出的气体不互相对冲，气体分布均匀，塔板上又保持相当流量，因而允许有较高气液负荷，产能比浮阀塔高约30%～40%。该塔用于中国石化四川维尼纶厂醋酸乙烯装置，彻底解决醋酸乙烯在板上的聚合和塔板易堵塞问题，而且进料处理量从35 t/h提高到65 t/h[20]。

此外，浙江工业大学赛普科技集团研制的DJ系列塔板在中国石化广州分公司200 kt/a乙烯扩能改造中替代进口塔板，使装置能力提升30%，中国石化天津联化乙烯、中国石油抚顺乙烯等数十套乙烯装置扩能和新建项目中也将逐步替代进口塔板。据称，这种高效大通量塔板主要适用高液气比和大通量精馏和吸收过程，可消除分离塔系的设计和操作瓶颈，实现设备的高效化。用于替代浮阀类塔板，不动塔体便可提高处理能力30%～80%，用于新塔设计，可缩小塔径，降低塔高，节省投资[21]。

近年来随着高新技术的发展，一些现代化的分离工程研究开发也十分活跃，其中有些研究成果已进入工业应用领域。例如中国石油兰州石化分公司采用四川天一科技股份有限公司变压吸附（PSA）技术已建成160 kt/a（以原料计）催化干气制乙烯装置，产品气于2005年8月23日全部送往精制装置界区，估计每年可回收乙烯40.5 kt，乙烷10 kt，顶出裂解原料石脑油128 kt/a[22]；中国石化茂名分公司于2003年9月采用大连欧科膜技术工程公司的膜回收乙烯技术用于100 kt/a环氧乙烷/乙二醇装置中尾气乙烯回收，其乙烯单体回收率大于85%，而且采用甲烷致稳后还可节约大约25%～35%的甲烷[23]。

华东理工大学从分子管理和产品工程角度出发，运用分子筛吸附分离技术分离石脑油中正构烷烃，从而集成优化利用石脑油资源。在现有工业装置条件下，以正构烷烃含量高于98.2%的脱附油为裂解原料，乙烯收率可提高11%～14%。吸余油作为催化重整原料，汽油辛烷值可提高20个单元，达到85%[24]。

(四)过程耦合进一步提高生产效率

将催化反应与分离耦合在一起的催化蒸馏技术不仅广泛用于国内甲基叔丁基醚(MTBE)的合成，而且还有新的发展。例如石科院开发的悬浮催化蒸馏工艺[25]。

与传统催化蒸馏塔相比，由于催化剂不是固定在反应器中，而是以粉状悬浮状态下反应，因而强化了传质，提高了催化效率，而且催化剂还易于取出再生。在合适条件下，丙烯转化率可接近100%，异丙苯选择性大于90%。悬浮催化蒸馏工艺还将有可能用于钛系沸石为催化剂的氯丙烯直接环化制环氧氯丙烷工艺。小试研究表明，在0.13 MPa、63℃、甲醇与氯丙烯摩尔比为15∶1、催化剂用量为甲醇的80%、氯丙烷质量空速为1.5 h^{-1}下，H_2O_2 环氧化选择性为97.5%[26]。两者都显示出良好的工业开发前景。

利用膜对分子的透过有较强选择性的特点，可实现反应与分离在膜反应器的集成。乙苯脱氢制苯乙烯有望采用膜催化反应器，这是因为乙苯和氢气相对分子质量相差较大，能给出较大的分离系数，且在热力学上有充分强化的余地。目前工业装置，因受反应热力学平衡制约，固定床反应器的乙苯转化率仅为60%左右，采用以ZSM-5沸石膜的反应器可从体系中不断移除氢气，使反应向苯乙烯方向进行，从而可显著提高转化率和选择性。以上海石油化工研究院GS-08为脱氢催化剂，采用膜反应器与固定床反应组合的二段工艺，在水蒸气/乙苯＝2.0(质量比)下，乙苯转化率提高7.52%，苯乙烯选择性达90%～95%。给出良好的工业发展前景[27]。

(五)化工机械设备工程研究

化工机械设备是现代石油化工生产链节中必不可少、与工艺和自控一样重要的三大关键核心技术之一，推进了成套技术的国产化。近年来，随着化工机械设备工程研究进展已缩短了世界先进水平的差距。以乙烯装置设备为例，国产化率已达70%[28]。在自主开发CBL-Ⅰ、Ⅱ、Ⅲ、Ⅳ型裂解炉的基础上，与美国ABB Lummus合作开发了“SL”型100 kt/a以上的大型裂解炉，10台SL-Ⅰ和SL-Ⅱ型炉已在我国第二轮乙烯扩能改造中得到应用，还有10余台裂解炉在设计制造之中。其中茂名石化机械厂拟用于中国石油吉林石化600 kt/a乙烯扩能工程的两台135 kt/a裂解炉已经制造成功[29]。根据规模为100 kt/a的SL-Ⅰ型炉在中国石化燕山分公司的运行情况，以加氢裂化尾油(HVGO)为利用原料，单程乙烯和丙烯收率(质量分数)分别达32.35%和15.65%，运行周期50天以上，整体水平达到当今国际先进水平[30]。

杭州杭氧股份有限公司为齐鲁石化720 kt/a乙烯改扩建项目制造的乙烯冷箱也获得首次应用就成功。据称，该冷箱最高设计压力3.96 Mpa，外型尺寸为6 m×4 m×30 m，并采用世界高端技术的三元制冷流程，具有占地面积小、能耗低等优点[31]。

沈阳鼓风(集团)有限公司近期也成功地制造了具自主知识产权的裂解气压缩机(H598)，用于茂名石化640 kt/a大型乙烯装置配套使用。该机组采用三缸联运式结构。试运行结果表明，高、中、低压缸机械运转和性能试验正常，各测震点的震动值都在20 μ以下，各项技术指标均达到和超过设计标准。从而为 800 kt/a～1 000 kt/a 乙烯装置用压缩机的国产化奠定了基础[32]。

此外，在其他过程设备和压力容器等制造方面也有新的突破[28]。例如 1 500 m^3 的乙烯球罐开发成功，该球罐采用 CF62 低温钢，壁厚 44 mm，操作压力和温度分别为 2.21 MPa和－27℃，目前正在制造 130 km^3～300 km^3 大型双壁圆筒型低温液化气储罐；130 kt/a 丙烯腈气固流化床反应器(撤热型)已投入运行；一直依赖进口的 30 kt/a 丙烯酸固定床反应器(直径 5.4 m、18 k 根换热管)也研制成功；650 kt/a PTA 装置优化反应器用关键设备搅拌器，由中国石化扬子分公司与华东理工大学共同开发，并由南京宝色钛业有限公司加工制造，其工业化试验表明，搅拌性能和运行效果良好[33]。

在"十一五"期间，中国石化还将重点围绕百万吨级乙烯成套设备与裂解炉技术，对二甲苯、精对苯二甲酸(PTA)等成套设备进行攻关，在重大装备上实现核心技术与系统集成能力的突破，采用自主开发与引进技术、合作设计、合作制造等多种方式，全面提升石油化工重大装备国产化水平。

四、学科发展展望及建议

按照我国石油化工长期发展规划的设想，到 2010 年和 2020 年乙烯产能将分别达 16.9 Mt/a和 20 Mt/a～25 Mt/a，而且主要石化产品生产技术都要具自主知识产权。这就需要石油化工学科在理论和实践方面全面支撑长期发展规划的设想。如果说学科研究要领先工业开发的话，那么在 2020 年前，学科整体水平应该接近，甚至在某些领域要超过国际水平。

具体实施方案可分两步进行。第一步即在 2010 年之前，应用国内外现有的化学工程诸分支学科所取得的研究进展，包括各种引进技术，在此基础上，淘汰现有落后工艺，采用各种新工艺，使主要有机化工产品生产装置的各项技术经济指标达到或超过国外同类产品的水平。2020 年之前，应用国内化学工程诸分支学科所取得的创新性研究成果，使更多化工产品具有自主知识产权和技术优势。全面参与国际技术贸易活动，使我国成为真正意义的世界石化强国。

为缩小与国际先进水平的差距，使我国在 2020 年前成为真正的世界石化强国，必须寻找具有战略意义的突破口，作为未来发展的重点。

第一，加强催化反应工程的研究开发，形成具自主知识产权的石油化工产品生产技术。石油化工主要产品生产大约 90%以上需要催化剂，所以高性能催化剂的开发是关键所在。催化剂不但在降低产品成本，而且在减少乃至消除环境污染、开发环境友好工艺中都可发挥重要作用。而催化材料又是新催化剂和新催化工艺开发的源泉，所以，从学科研究观点出发，第一个突破口就是新催化材料及其相关催化反应工程的研究。

第二，反应器工程放大。现代石油化工生产为寻找利润的最大化，正向大型化发展。而在装置大型化过程中，反应器工程放大又是其中最为关键的核心技术。我国大型设备的制造除机械加工原因外，从化学工程角度看，反应器放大工程必须有所突破。

目前国外已成功地将反应器放大倍数放大数万至数十万倍，使新工艺反应器开发周期缩短到20～30个月,国内尚有明显差距[34]。反应器工程放大涉及化学、力学、传质、传热、测量控制、机械制造、数模放大等多种学科,所以一旦有所突破,将对我国石油化工产业水准提升起到重大作用。

第三,低能耗分离技术。当前环境、资源对石油化工产业发展构成重大影响,降低CO_2排放、减少能源消耗是当务之急,也符合国务院下达的要求在五年内将能耗降低20%的要求。分离部分所需能源约占总装置能耗的50%～60%。尽管许多现代化分离技术前景较好,但真正应用还有一定距离。所以,发展低能耗分离技术,尤其在传统分离技术上改进的各种低能耗分离技术开发尤为重要。这类技术包括分壁塔、内部换热蒸馏塔以及采用耦合方法的分离技术。而关键是开发出具自主知识产权的分离技术。

参考文献

[1] BUFFENOIR M H et al. Large ethylene plant present unique design,construction challenges. Oil & Gas. 2004,102(3):60-65.

[2] 吴巍,朱泽华,孟祥堃,等. 己内酰胺绿色生产成套技术开发及其创新//曹湘洪,李大东,汪燮卿,等,主编. 中国工程院化工、冶金与材料工程学部第五届学术会议论文集. 北京:中国石化出版社:2005:172-176.

[3] 罗承先译. TEC采用300 kt裂解炉的最新工艺. 石油化工要闻,2005(9):17-18.

[4] PARKIHSON G. Distillation:New Wrinkles for an Age-old Technology. Chem. Eng. Prog. 2005,101(7):10-12.

[5] 谷彦丽,高政,金积铨. 乙烯氧化制环氧乙烷动力学数学模型. 石油化工,2003,32(增刊):838-840.

[6] 李涛,樊蓉蓉,朱炳辰. 薄壁多通孔环氧乙烷合成银催化剂工程研究——外管式反应器数学模拟及比较. 石油化工,2005,34(增刊):817-81.

[7] 刘仲能,谢在库,侯闽勃. SHP-01裂解汽油一段选择性加氢催化剂研制//全国青年催化会议论文集. 2003:269-270.

[8] 谢在库. 多孔催化材料创新及其在基本有机化学品合成中的应用. 石油化工,2005,34(增刊):23-27.

[9] 袁渭康. 填充床三相反应器的优选操作方法//曹湘洪,李大东,汪燮卿,等,主编. 中国工程院化工、冶金与材料工程学部第五届学术会议论文集. 北京:中国石化出版社. 2005:79-84.

[10] 陈西波,孟祥堃,慕旭容,等. 磁稳定床反应器用于2-乙基蒽醌加氢生产过氧化氢. 化工进展,2005,24(2):208-211.

[11] 孙可华. 华南理工大学等合作完成的苯乙烯脱氢反应器投运成功. 国内外石油化工快报. 2006(36):5.

[12] 刘宪新. 丙烯腈反应器的内构件国产化技术. 石油化工设备. 2006,27(2):6-8.

[13] 钟思青,童海颖,陈庆龄. 轴向固定床反应器内构件的研究. 石油化工,2004,33(6):540-543.

[14] 张丽君. 甲苯歧化与烷基转移成套技术工业应用通过鉴定. 石油化工快报·有机原料,2006(12):1.

[15] 薛祖源. 双酚A生产工艺技术现状及展望. 化工设计,2006,16(2):3-12.

[16] 张辉,甘永胜,方永成. 丙烯腈生产急冷新工艺研究. 石油化工,2003,32(7):596-598.

[17] 张丽君.上海院第二代提高丙烯腈精制回收率工业试验通过鉴定.石油化工快报·有机原料,2005(10):1.

[18] 孙可华.天津大学高效规整填料精馏塔技术获奖.国内外石油化工快报,2006,36(4):15.

[19] 丁辉,徐世民,姜斌.天津大学蒸馏技术与传质理论研究.化工进展.2004,23(4):358-363.

[20] 王平尧.利用塔器新技术改造醋酸乙烯装置精馏装置//2005天然气与碳一化工信息交流会论文集成都:《天然气化工》编辑部,2005:276-285.

[21] 石扬.广州乙烯采用国产DJ塔板扩能成功.石油化工快报·有机原料.2004(19):1.

[22] 王建,麻毅进,王崇明.催化干气变压吸附精制生产乙烯技术的应用.乙烯工业,2006,18(2):60-64.

[23] 谭小雁.乙烯膜回收技术在乙二醇装置的应用.茂名石油化工,2004(3):35-37,58.

[24] 沈本贤,刘纪昌.基于分子管理的石脑油资源优化利用研究——提高乙烯与芳烃产率双目标优化的策略//曹湘洪、李大东、汪燮卿等主编.中国工程院化工、冶金与材料工程学部第五届学术会议论文集.北京:中国石化出版社,2005:130-135.

[25] 王婧,李东风.催化蒸馏技术的应用进展.化工时刊,2005,19(8):50-55.

[26] 魏运方.钛硅方式催化氯丙烯直接环氧化生产环氧氯丙烷研究进展,巴陵石化科技,2005,23(11):42-46.

[27] 王全渠,李邦及,刘建亮.ZSM-5-5沸石膜反应器在乙苯脱氢反应器中的模式.化工学报,2006,57(8):1923-1926.

[28] 时铭显.我国化工过程装备技术的发展与展望.当代石油石化,2005,13(12):3-6.

[29] 孙可华.茂化机械厂为吉化公司13.5万t/a乙烯裂解炉装运出厂.国内外石油化工快报,2005,35(11):12.

[30] 李奋力.SL-Ⅰ型裂解炉在燕化乙烯装置改扩建中的应用.乙烯工业,2005,17(4):28-31.

[31] 石华.国产乙烯冷箱将用于茂名百万吨级乙烯装置.石油化工快报·有机原料,2005,(2):1.

[32] 石扬.沈阳研制成功大型乙烯裂解气压缩机.石油化工快报·有机原料.2006,(5):1.

[33] 郑宁来.扬子石化PTA氧化反应器搅拌机工业化成功.石油化工快报·有机原料.2005,(5):2.

[34] CRABTREE S P,LAWRENCE R C,TUCK M W,et al. Optimize glycol production from biomass. Hydrocarbon Processing,2006,85(2):87-92.

撰稿人:谢在库　白尔铮　胡云光　言敏达　乔映宾

聚合物工程进展

一、聚合反应工程

(一)催化剂和聚合机理

1.烯烃聚合催化剂

催化剂活性和催化剂载体的强度之间的平衡是控制反应器内聚合物颗粒形态的关键因素。调节载体强度和结构的手段包括载体类型,例如,硅胶、氯化镁或它们的组合;载体的处理及负载工艺,例如,活化的温度程序,浸渍、共沉淀等。另一方面,催化剂的活性和产物的性能主要受到活性中心及其微化学环境的影响。例如,选用活性金属的种类,改变配体的结构、添加第三组份、改变聚合反应的温度序列等。近年来,国内催化剂的研究单位多次成功推出工业化的催化剂,表明在催化剂的设计理论以及制备技术方面已经有了长足的进展。例如,北京化工研究院近年开发出 PE 淤浆进料催化剂 BCS01,该催化剂设计了一种含镁/钛复合物的活性载体,负载至少一种有机醇(ROH,其中 R 为直链或支链的烷基、芳烷基)给电子体化合物,再负载一种烷基铝化合物。工业应用试验结果表明,催化剂活性高、共聚性能优良、流动和分散性能,生产的聚乙烯(PE)树脂性能优良。

又如,上海化工研究院开发的 SLC-G 气相法 PE 催化剂、SLC-S 聚乙烯淤浆催化剂等在工业装置上试用成功。这类含钛的新型催化剂同时采用了硅胶与氯化镁两种载体,通过调节二氧化硅的热活化温度以及钛化合物与镁化合物的比例来控制聚合的动力学,可得到三种不同的乙烯聚合动力学曲线。其中,SLC-S 催化剂的活性能达到 27 000 kg PE/kg 催化剂,对氢气的响应性比进口同类催化剂高出 10%～12%。

近几年,我国的聚丙烯催化剂研制开发继续取得明显进展。北京化工研究院开发的第五代丙烯聚合催化剂技术,采用了新型给电子体(1,2-二醇酯)和新的制备工艺。例如,新型 ND 型催化剂活性超过 50 kg PP/g cat,可制备出分子量分布较宽和刚性/韧性平衡的 PP 共聚合物。2002 年,又开发了专门适用于无预聚工艺的 NG 催化剂,成功地在 200 kt/a气相法聚丙烯装置上应用。

在茂金属催化剂及后过渡金属催化剂的研究方面所取得的进展也是明显的。我国学者提出的茂金属加合物技术,通过活性组分之间的弱相互作用,制备高活性的催化剂且无需分离提纯,产品收率达到 90%。已经在多个国家申请了专利。董金勇等[1]提出利用含羟基的球型聚丙烯颗粒作为载体,进行茂金属催化剂的负载,制备的茂金属催化剂可用于烯烃聚合反应,且具有较高的反应活性。这种负载方法可以用来制备聚丙烯与其他聚烯烃或烯烃共聚物合金,从而得到具有各类特殊性能的新型材料。

非茂金属催化剂又名后过渡金属催化剂,是烯烃聚合领域的又一次重大的突破。例如,使用镍基催化剂可以使乙烯聚合成具有高支化度的聚乙烯,而且通过控制反应条件,生产的聚乙烯均聚物的范围包括线性、半结晶到高支链含量的无定形聚乙烯，控制支化度还可以生产无共聚单体的弹性体。中国科学院上海有机化学研究所在酚-亚胺[O,N]配体的基础上，开发了[O,N,P]钛系列配合物，成功合成出聚烯烃结构可控的STS系列新型非茂烯烃聚合催化剂，在稳定性、提高催化效率、减少助催化剂用量、降低主催化剂成本，适应多种聚合工艺要求等方面均能满足工业化要求，使用其合成的聚烯烃产品具有特殊的力学性能。

2. 阳离子聚合机理

丁基橡胶具有优异的气密性、耐老化性及抗撕裂性，是制造轮胎内胎与气密层不可替代的高分子材料，是一种重要的战略物资，2005年国内消耗量就达到125 kt。Exxon和Bayer两大公司长期垄断丁基橡胶生产技术，并对我国进行技术封锁。在－100℃下异丁烯与异戊二烯(1.5%～3.0%)进行传统阳离子聚合可得到丁基橡胶，中国石化燕山分公司于1999年建成我国唯一的设计能力30 kt/a丁基橡胶生产装置。由于聚合活性中心过于活泼，反应速率极快，聚合反应难以控制，导致聚合过程中挂胶、结团和反应器出口管道堵塞及产品质量差等一系列问题。吴一弦[2]等人发现添加少量合适的含氮、氧、硫的廉价易得的亲核性试剂对异丁烯与少量异戊二烯阳离子共聚合反应起着极其重要的作用。添加剂参与聚合反应的各步基元反应，调节活性中心的碳阳离子引发活性与稳定性，调节活性中心周围的微环境，降低聚合速率，减少副反应，同时可以调节聚合物分子量分布及微观结构，改善聚合物颗粒在聚合体系中的分散状态，改善聚合体系中组分浓度分布和温度分布，从而提高聚合体系中的传热与传质效果，从根本上消除了聚合体系中局部温度分布不均现象，胶粒集聚结团的问题。标志着我国的丁基橡胶聚合工艺技术取得了重大突破。

3. 活性聚异丁烯

近年来，我国在聚异丁烯的合成方面也取得了突破性的进展。在2003年以前，国内高活性聚异丁烯产品全部依赖进口(主要是德国BASF公司产品)，市场供应、产品价格均由BASF公司独家垄断。李鹤春等[3]采用三氟化硼络合物作为催化剂，可生产出末端亚乙烯基含量高于85%以上，分子量分布指数低于2的高活性聚异丁烯。该种产品主要用作润滑油无灰分散剂、汽油清净剂和安全炸药的乳化剂。吉化集团公司成功开发了三氟化硼络合催化剂的制备工艺技术，确定了三氟化硼、醇、醚三元络合物的具体组分及其配比。研究开发了双釜连续及外循环的专有工艺技术，反应平稳、易控；开发了胶液后处理中，无动力常减压两级薄膜蒸发脱溶剂及低聚物的专有技术，具有溶剂回收率高、产品挥发分低、能耗小等特点。在2003年，采用这一技术建成了我国第一套3 kt/a高活性聚异丁烯工业化示范装置，同时通过进一步改进催化剂制备技术，解决了生产较高分子量产品的技术难题，为高活性聚异丁烯系列产品的生产创造了技术条件。

(二)聚合反应器

1. 气相法聚乙烯冷凝工艺

气相聚合工艺流程简单，传质速率高，但过程的传热效率低，因此严重限制了单位反应器体积的产能。冷凝及超冷凝技术是指在一般的气相法聚乙烯流化床反应技术的基础上，在反应器中增加冷凝液体的蒸发过程，使聚合热由循环气体的显热温升和冷凝液体的蒸发潜热共同带出反应器，从而显著提高反应器时空产率的一项技术。在化学工程研究方面，必须解决冷凝态和非冷凝态之间的快速切块以及冷凝工艺的模拟预测和流化质量的监控等关键技术问题。浙江大学等单位提出了冷凝工艺的急冷-闪蒸联合切换技术、结块预警、露点、催化剂注入、流型、料位等关键参数实现了在线监控，有力支持了国内气相法聚乙烯冷凝工艺的工业应用。目前，中国石油和中国石化等两大公司的气相法聚乙烯装置均普遍采用了冷凝工艺技术。

2. 烯烃聚合的组合工艺

为了实现特定的产品性能，例如，聚合物合金、双峰分子量分布聚合物的生产等，聚合过程往往通过几个反应器的串联操作共同完成。在工艺和工程上必需解决反应器之间的产率分配、反应器之间物料的相变分离、牌号切换等技术难题。2002 年初，中国石化采用自行开发的第二代环管工艺技术，分别建成 200 kt/a 和 300 kt/a 聚丙烯生产装置，实现了淤浆环管反应器和气相流化床反应器之间的组合。又成功开发了 80 kt/a 液相本体与卧式气相搅拌釜组合的聚丙烯成套工艺技术(SPG)，已建成工业装置。

由于掌握了淤浆法 HDPE 生产的多釜组合工艺设计技术，几年前，中国石化成功进行了其燕山分公司 450 kt/a 乙烯的改造。2005 年中国石化扬子分公司和浙江大学在淤浆法 HDPE 多釜组合工艺的基础上，成功开发设计了浆液外循环取热技术，使装置生产负荷提高 20%以上，生产平稳运行周期长。

但是国内聚丙烯反应器的技术和设计与国外先进水平相比尚有较大差距，例如，Basell 公司设计的多区循环反应器(Spherizone 工艺)由于采取了全新的反应器组合理念，消除了分段效应和停留时间分布的影响，可在大分子层级上获得完美的结构均匀的多单体树脂或双峰均聚物，不仅避免了“凝胶”的形成，而且消除了薄膜或管材制品中出现“鱼眼”的可能性。

3. 聚酯的多釜工艺

聚对苯二甲酸乙二醇酯(PET)是目前最重要的合成材料之一，生产 PET 的缩聚过程是反应—传质耦合过程，华东理工大学利用静止膜实验在排除传质影响情况下研究了 PET 缩聚过程反应规律. 建立了链增长、链降解反应动力学模型，并利用可逆反应极限的概念确定了小分子界面浓度。分析出静止膜实验中过程脱挥是泡沫脱挥。中国石化组织有关单位成功开发了五釜流程大型化聚酯系列成套生产技术。例如，开发成功 100 kt/a 聚酯技术工艺包，设计并制造了 1，2 预聚及终缩聚釜。通过进一步优化，开发了 150 kt/a 三釜流程聚酯成套技术，设计了新型酯化反应塔，可适应提高酯化反应温度、改变反应物料摩尔比和分担部分预缩聚负荷的要求，所采用的自动升压外循环酯化反应技术拥有自主知识产权技术，具有提高酯化反应物料混合效率和撤热效率的作用，同时兼具节能功能；新型高效筛板塔的采用，使酯化反应塔顶反应排放水中乙二醇和 COD 含量明显降低；终缩聚反应器采用了自主开发的搅拌鼠笼支撑与终缩聚反应器釜体的一体化技术，还实现了终缩聚反应器机械密封部件的国产化；热媒系统采用就地闪蒸工艺等节能技术，装置能耗大幅度降低。

(三)丁二烯气相聚合

作为清洁生产的环保型生产过程,丁二烯的气相聚合工艺是人们关注的热点之一。Bayer 公司投入大量财力在 1996 年建成中试装置。浙江大学孙建中等人[4]在丁二烯气相非均相聚合的动力学,单体吸附、产物分子量分布和粒径分布的研究等方面取得部分进展,发现了聚丁二烯的分子量和聚合物粒度的影响因素。

(四)聚合过程优化与过程监测

聚烯烃生产过程中的大型化连续化,同激烈市场竞争所导致的产品牌号需求的多样化之间存在明显的矛盾。优化大型反应器的牌号切换操作,减少过渡料和过渡时间成为一项重要的优化工作。近年来我国的科技人员开展了牌号切换过程优化技术的研究并取得明显进展。浙江大学的研究人员分别对气相法线型低密度聚乙烯(LLDPE)流化床反应器、淤浆法高密度聚乙烯多釜组合工艺(包括聚合釜的串联和并联操作)、Borstar 超临界淤浆环管和气相流化床串联生产双峰聚乙烯的工艺、苯乙烯聚合等聚合过程的牌号切换进行了优化研究。解决了诸如聚合物质量的数学建模、优化目标选取以及建立优化策略等难题。协调多变量参数协同过调与聚合物质量内在品质的均匀性之间的矛盾,提出了有人工干预的牌号切换优化策略。目前,可以优化不同牌号之间的切换,不同催化剂种类之间的切换以及不同操作模式之间的切换(并联和串联之间的切换)。与传统的牌号切换过程相比,优化的方法可以大大减少牌号过渡料的产生,效果明显,可为实际工作提供有益的指导。

根据颗粒碰撞壁面产生声波的机理以及多尺度小波分解方法,浙江大学近年来成功开发了适合于气相法聚乙烯流化床聚合反应器的声波监控系统,可在线检测和预警流化床内的结块状况、聚合物颗粒的粒径及其粒径分布(PSD)、床层料位高度、流型、流化偏流情况,还可以实现循环气露点温度、催化剂进料流量等关键参数的在线测量,成为实时监控反应器的一个有效手段,为保证生产的平稳运行提供了新的手段。

二、聚合物产品工程

通常人们认为当聚合物的化学结构(一次结构)基本确定后,高分子链的构象(二次结构)和聚集态结构(三次结构)还有很大的变化空间。因此,涌现大量的聚合物产品和牌号。按照化学产品工程的理论,聚合物的产品工程同样包含四方面的内容:用户及需求的研究;产品的定义和规格;聚合物结构和性能的关系;产品的创新设计和生产。其中,最为困难的是如何解决聚合物结构和性能的关系。最近,姚文娟[5]等人研究了低分子有机物在聚合物中的溶解扩散规律。实验获得了气相聚合的典型条件下,乙烯、异戊烷和正己烷纯组分及其混合物在茂金属聚乙烯、线性低密度聚乙烯和高密度聚乙烯等三种半晶体聚乙烯中的溶解度数据。特别发现了正己烷等分子的存在会干扰其他小分子在聚合物中的溶解度,即温度和聚合物结晶度在溶解平衡中的多重效应,建立了低分子有机物混合物在半晶体聚合物中的共溶模型。为了提高新的聚合物产品设计和开发的速度,还需要极大地丰富其他的构效关系数据库。

(一)塑料

1. PE100 管材

采用双峰分子量分布技术、已烯共聚技术生产的聚乙烯管材料，特别是 PE100 管材，具有较高的长期静液压强度，同时，也具有较高的耐慢速裂纹增长和耐快速开裂扩展的性能，加工性良好。目前 PE100 的管材使用量正在迅速上升，成为燃气管、供水管和输油管的首选材料，并在我国西气东输工程中发挥巨大作用。

研究发现通过分子结构的调整，包括聚乙烯链长、链长分布以及分子链的结构规整性(支化、支化度分布)，都可以影响聚合物的聚集态结构。中国石化齐鲁分公司的研究人员发现树脂的分子量越大，材料的耐慢速裂纹扩展能力越强，这是因为分子量越大，就越有可能形成系带分子，且有穿过多个晶区的可能。但是分子链也不能太长，否则熔体流动性变差，对加工不利。另一方面，随着共聚单体碳原子数的增加，共聚单体从丁烯到已烯的管材料对慢速裂纹扩展的抵抗能力越来越强。可能是由于支链长度的增加，分子链变得越来越不光滑，增加了对分子链滑移的阻力，使分子链更不容易从晶区中拔脱出来；共聚单体的含量增加，材料的支化数随着增加，材料对慢速裂纹扩展的抵抗能力就逐渐增大。

通过聚合物结构的设计和调控，目前，国内已有几家厂商生产出 PE100 聚乙烯管道。如上海石化股份公司生产的 YGH041T、YGH091；中国石化齐鲁分公司生产的 DGDB2480H 和 DGDB2480HBK；扬子石化生产的 YEM4902T。其中，中国石化齐鲁分公司的两个产品已通过瑞典 BODYCOTE 实验室进行的定级试验，证明这两种材料均达到 PE100 级别，且实现了规模化。

2. 高速 BOPP 薄膜

双向拉伸聚丙烯薄膜(BOPP 薄膜)是 20 世纪 60 年代发展起来的新型透明软包装材料。享有“包装皇后”的美誉，是一种附加值很高的膜料。国产的 BOPP 薄膜专用树脂的拉伸速度只有 300 m/min 左右，无法满足新一代超高速 BOPP 薄膜生产线对专用料的加工要求。我国科学家研究了高速 BOPP 薄膜专用料的分子结构和性能的内在关系。发现分子量较大即末端弛豫时间较大，对提高熔体拉伸流动的稳定性有很大的好处。尤其是在分子量 M_w 超过百万的部分必须有足够的重量分数，分子量分布在 $M_w>2.0\times10^6$ 部分至少要有>5 wt%。另一方面，要获得适合高速拉伸的高熔体强度薄膜级 BOPP 专用料，仅仅考虑平均等规度是不够的，还必须重视等规度的序列分布情况。为了保证 BOPP 结晶的快速成核，长的等规序列是需要的，但不能过多，更不能集中在高分子量部分。为此，在合成聚丙烯高分子量部分的反应器内无规共聚必须加入 0.3%～0.5%摩尔比的乙烯单体，从而阻止长的等规序列聚合物的生成。理论上的突破使我国高速 BOPP 专用料的性能达到 400 m/min 以上，产品质量进入国际同类产品的先进行列。

3. 聚丙烯合金与共混改性

通过在聚丙烯基体材料中共聚产生乙丙弹性体，制备出具有刚韧平衡的合金材料。国内工程技术人员认识到，生产中不仅要控制乙烯的结合量，而且要使橡胶相的尺寸分布均匀,这对催化剂制备提出了更高的要求。

在聚丙烯的后加工过程中,国内企业普遍重视采用新的成核剂,把结晶体的尺寸减少到光的波长以下,显著提高了制品的透明度,不仅如此,还提高了聚丙烯的结晶问题,由此可以提高冷却效率,缩短生产周期,提高了设备生产能力。减少聚丙烯的结晶体的尺寸,还可以减少制品的各向异性和尺寸稳定性。通过聚丙烯的反应结枝改性,可以提高聚丙烯熔体的强度,作为发泡板材的原料,目前已成为国内企业的研发热点。金日光[6]等人研究了超高分子量聚乙烯增强聚丙烯共混体系的力学性能、亚微相态和增韧机理,发现超长分子链聚合物与被增韧基体的原位亚微观复合,实际上是超长分子链在基体中形成的物理缠结及串锁的骨架结构,在为基体提供机械强度和韧性。当材料受到外力作用时,通过基体中这种缠结和串锁的骨架吸收并传递冲击能,实现增强增韧的目的。这是他们提出的新的“原位复合”增韧机理。采用具有高剪切力的四螺杆挤出机制备增韧共混合金,使PP/UHMWPE 共混合金的韧性、拉伸强度及模量、弯曲强度及模量都得到综合性的提高。产品已经大量应用于汽车摩托车等各种领域,取得了可观的经济和社会效益,拓宽了PP 材料的工程塑料化途径。

4. 超高分子量聚乙烯

超高分子量聚乙烯(UHMWPE)是一种线型聚合物,分子量通常在 100 万～500 万,结晶度 65％～85％。超长分子链间的无序缠结,使其分子链段对热运动反应迟缓,熔体黏度高达 108 Pa·s,流动性极差,加之临界剪切速率极低,易产生熔体破裂等缺点,使其难以用常规塑料的加工技术进行加工成型,严重制约了 UHMWPE 的应用。我国在这方面的研究取得了很大的进展。例如,UHMWPE 纤维作为继碳纤维、芳纶纤维(Kevlar)之后的第三代高性能纤维,是制造软质防弹服、防刺衣、轻质防弹头盔、防弹装甲等产品优良材料,宁波大成新材料有限公司[7]通过采用特殊的溶剂体系,实现了 UHMWPE 的纺丝加工,纤维产品已经出口到国外。又如,由于 UHMWPE 具有良好的生物相容性,使得这种不可降解的生物材料成为完全关节替代物。目前的研究重点集中在探索超高分子量聚乙烯在医用环境中的磨损机理,及如何提高其耐磨损性。熊党生[8]发现将碳纤维加入到 UHMWPE 中大大地改善了材料的抗磨损能力。中国科学院化学研究所用纳米基层状硅酸盐改性 UHMWPE,片层之间结合力相对较弱,摩擦系数很小,提高了 UHMWPE 熔体的流动性,从而改善其加工性能;且片层结构紧密,刚度很高,在二维方向上对 UHMWPE 材料有一定的增强作用。唐黎明[9]等人在 UHMWPE 中加入少量的超支化聚酯—酰胺聚合物后显著提高了超高分子量聚乙烯的加工流变性能,降低了 UHMWPE 的熔融黏度。李惠林[10]等在 UHMWPE/聚丙烯共混体系中引入高效复合助剂(聚乙二醇),加入抗氧剂和润滑剂。制备的 UHMWPE 黏度显著降低,临界剪切速率提高,有效地改善了超高分子量聚乙烯的加工流变性,等等。

5. 聚醚多元醇

在聚氨酯产品开发方面,聚醚多元醇(polyether polyol)和聚酯多元醇(polyester polyol)是目前聚氨酯工业应用最为普遍、用量最大的多元醇品种,它们依靠分子中的羟基与多异氰酸酯反应生成聚氨酯甲酸酯链段。中国石化多元醇年产能近 240 kt,均是聚醚多元醇，质量达到国外产品水平。其中，普通的软泡聚醚多元醇以甘油为起始剂，与PO开环共聚合而成，产品在发泡时操作范围窄，泡沫性能差，改进后采用EO共聚，质量得到提高。高固含量聚合物聚醚多元醇的块泡用POP固含量达45%～46%，高回弹用POP固含量达30%。普通硬泡聚醚多元醇为蔗糖与甘油起始的PO聚合产品，产品黏度大。近几年对起始剂作了改进，同时采用胺催化体系，使产品黏度降低，同时省去精制工艺。开发的高活性双金属催化剂(DMC)代替了KOH催化体系，缩短了工艺流程，提高了产品质量。

(二)橡胶

中国合成橡胶工业起始于20世纪50年代，经过50多年的发展，开发了处于世界先进水平的镍系聚丁二烯橡胶(Ni-BR)、苯乙烯－丁二烯－苯乙烯嵌段共聚物(SBS)、溶聚丁苯橡胶(SSBR)等成套工业生产技术，已形成七大产品系列、年产量超过百万吨的重要产业[11]。

丁苯橡胶是丁二烯与苯乙烯的无规共聚物，是目前世界上合成橡胶工业中产量和消费量最大的通用胶种。分乳聚丁苯橡胶和溶聚丁苯橡胶。近两年的进步包括，新型环保型助剂的开发，用于高性能子午胎新胶种的开发等。2005年中国石油兰州分公司合成橡胶厂[12]用环保型阻聚剂和防老剂代替含有致癌物质的阻聚剂亚硝酸钠和污染型防老剂，生产出了丁苯橡胶SBR 1500E。中国石化齐鲁分公司橡胶厂[13]开发成功的新一代环保型丁苯橡胶，已经达到欧洲同类产品的环保标准。乳聚丁苯橡胶的发展重点是充油品牌，发达国家充油品牌产量占乳聚丁苯橡胶总产量的60%～70%，国内尚不到30%。通过增加聚合物的分子量，提高门尼黏度，国内充油牌号产品的生产技术也有较大提高。最近，高结合苯乙烯含量的丁苯胶技术取得突破[14]，通过控制转化率来控制共聚物结合苯乙烯含量，分子量及分子量分布。增加转化率，可以提高生产效率，也会导致凝胶含量增加，影响产品质量。中国石油吉化公司自行研发的“快速高转化率”新技术，通过调整聚合方案，相关助剂加入量及加入方式，有效控制了胶乳稳定性和体系黏度，使聚合转化率由62%提高到70%。在溶聚丁苯橡胶方面，我国科技工作者[15]以橡胶分子链结构与性能关系研究为指导，获得了损耗角正切值在不同温区的数值与橡胶滚动阻力和抗湿滑性的关系，合成了具有定向微观结构的SSBR轮胎用的多个新牌号，达到国际先进水平。

氢化苯乙烯－丁二烯－苯乙烯嵌段共聚物(SEBS)是热塑性苯乙烯－丁二烯－苯乙烯嵌段共聚物(SBS)分子中橡胶段聚丁二烯不饱和双键经过选择加氢而制得的新型改性热塑性弹性体。SEBS具有优异的耐老化性、耐热性和稳定性，可以广泛用于高档弹性体、树脂改性、胶粘剂、润滑油增粘剂、电线电缆的填充料和护套料。中国石化已成功研究出拥有自主知识产权的成套SEBS生产技术。例如，中国石化巴陵分公司[16]以双环戊二烯二氯化钛为主催化剂，苯二甲酸二酯类化合物为助催化剂，开发了SBS的选择性加氢技术。作为加氢用的SBS的合成工艺和普通SBS基本一样，一般以丁二烯、苯乙烯为原料，正丁基锂为引发剂，在环己烷内进行阴离子聚合，生成相对分子量为$(8\sim5)\times10^4$、苯乙烯/丁二烯(质量比)为30/70～40/60的三嵌段共聚物，但是对于加氢用SBS，聚丁二烯链段中的乙烯基质量分数一般控制在35%～45%。因此在合成加氢用SBS基础胶时，需要加入微观结构调节剂，以控制乙烯基质量分数。

中国科学院长春应用化学研究所[17]近年成功地以铁系催化剂合成出乙烯基含量大于80%的高乙烯基聚丁二烯橡胶，优于国外的锂系催化剂聚合产品（乙烯基含量仅为70%）。该橡胶具有高抗湿滑性和低滚动阻力，是安全节能轮胎的首选胶种。

镍系顺丁橡胶（BR）为丁二烯的均聚物，分子中存在很多双键，分子间作用力低，因此材料强力低、耐油性差、不阻燃、易老化。将BR氯化是改善上述缺点的重要方法之一。焦书科等人[18]在离子加成氯化方面取得了较大的进展，他们采用氯乙酸作活性氯原子引入剂，不仅引入活性氯原子，而且活性氯原子含量可控，有效避免在BR氯化过程中凝胶的形成。为氯化顺丁橡胶（CBR）提供了一种非加硫硫化的新方法。这种含活性氯原子的新硫化点可使CBR通过热可逆共价交链转变成耐高温的新型热塑性弹性体。

金日光等[19]用马来酸酐化的三元乙丙橡胶（EPDM-g-MAH），增韧聚苯醚（PPO）和尼龙6（PA6）混合物，发现EPDM-g-MAH中MAH用量在1%～2%范围内，可以显著改善EPDM与PPO/PA6共混体系的相容性，大大提高共混合金的韧性。在共混体系中，随着弹性体EPDM-g-MAH用量的增加，冲击强度提高，但是拉伸强度降低。

近年来，我国科学家在橡胶材料学基础理论的新假说方面进行了大胆的探索[20]，例如，新的橡胶硫化机理认为橡胶硫化产生交联键和直链硫键；新的橡胶增强理论认为无机材料增强有一增强临界粒径（约100nm）和临界比表面原子数（约2%），无机金属氧化物与橡胶间是物理作用，并屏蔽部分硫化交联反应，加入偶联剂后以化学作用为主。炭黑与天然橡胶间是以化学作用为主，而与SBR则以物理作用为主；橡胶硫化胶疲劳（或磨耗）机理认为过程的化学表观动力学反应级数为3级，有自愈合能力；用动态变换模型描述硫化胶组分与性能的相关性发现硫化胶蠕变寿命与拉伸强度呈正和负的相关性，等等。这些理论进展将研究橡胶结构和性能的关系，加快产品开发产生深远影响。

（三）纤维

1. 聚酯纺丝技术

在聚酯纺丝技术方面世界聚酯短丝技术发展趋势是朝着大容量、高柔性化、多品种和高度智能控制化方向发展。为此，中国石化组织开发了30 kt/a聚酯短丝纺丝技术，该技术包括：喷丝板采用了高开孔密度技术（在Φ220 mm喷丝板上开孔3500个以上）；丝束冷却采用先进的低阻尼中心环吹技术；后处理采用大容量、高密度卷曲机和独立变频调速的拉伸工艺，生产纤度范围从0.56 dtex、0.89 dtex～3.33 dtex到6.67 dtex的细旦/粗旦纤维及差别化纤维。装备国产化率达73%。该技术总体接近当今国际先进水平，以此为基础，正在开发建设60 kt/a聚酯短纤维成套技术。

近年来我国已开发成功了超有光缝纫线专用涤纶短丝、系列细旦涤纶长丝、涤纶超短丝、纳米抗菌防霉涤纶、阳离子易染丙纶、高收缩腈纶、超高分子量聚乙烯（UHMWPE）高模高强纤维、聚乳酸（PLA）纤维、稀土夜光纤维等40余种差别化纤维新产品，使我国的差别化纤维开发取得了长足的进展。

2. PET改性

聚对苯二甲酸乙二醇酯（PET）存在着加工模温（70℃～110℃）下结晶速度过慢、冲击性能差和易吸湿等问题。因此如何制备出具有高的韧性和刚性、好的成型性能的改性

PET是国内外研究的热点课题之一。近几年来，国内关于PET改性的研究很多，主要集中在改善PET的结晶速率，热变形温度（HDT），气透性，力学性能等几个方面。徐锦龙等[21]研究了具有反应活性的有机蒙脱土（MMT）与PET原位聚合和熔融共混后的两种插层复合材料的等温结晶行为。DSC表明，有机蒙脱土起异相成核作用，大大加快结晶速率。行春丽等[22]采用对苯二甲酸二甲酯（DMT）与2,6-萘二甲酸二甲酯（DMN）合成了聚对苯二甲酸二乙酯（PET）和聚2,6-萘二甲酸二乙酯（PEN）共缩聚物，结果表明，PET/PEN的性能与普通聚酯切片的相近，PEN质量分数为30%的PET/PEN制成的啤酒瓶可耐95 ℃高温，对O_2，CO_2气体的阻隔性比普通PET瓶提高六倍。

3.腈纶纺丝与改性

我国通过对干法腈纶生产工艺的改进，在腈纶纤维新产品的开发方面有了许多进展[23]。干法腈纶纺丝是借助于蒸发而除去纺丝液流中的溶剂，使高聚物凝固，分离出初生纤维，成形条件比较缓和，易制得致密的、空洞很少的纤维。湿法腈纶纺丝则是借助于凝固液中的沉淀剂与纺出液流中的溶剂的双扩散而使高聚物凝固分离出初生纤维，成形条件较剧烈。目前国内腈纶纺丝的技术大部分还是采用湿法纺丝，故纤维内部有许多空洞。

中国石化齐鲁分公司以自产3.33 dtex干法腈纶长丝束为原料探索了拉断制条工艺和梳理制条工艺，摸索出高收缩率膨体毛条的生产工艺参数。发现当热板温度低于180℃时，热延伸区有大量纤维成束或成缕断裂。这主要是因为干法腈纶的玻璃化温度较高，若热板温度选择偏低，纤维未加热到玻璃化温度而被拉伸，蜷曲的大分子未伸展开就被拉断了。在热延伸区如有过多的断头丝，就易造成绕辊影响生产，而且断头纤维在高温下发生回缩，使成品毛条收缩率降低。当热板温度高于180℃进行拉伸时，一部分纤维大分子链间产生相对滑移，形成永久形变，在热处理时形变不能回复，致使毛条收缩率降低；另外热板温度过高，使拉断机下机条温度升高，会使条桶中的温度高于60℃，造成缩率损失增加，所以电热板温度也不能选择太高。研究后确定出自热板的纤维温度应在玻璃化转变点100℃以上，用远红外测温仪检查丝束上部、两侧、底部出丝温度，要求均匀一致，偏差不超过±5℃。当电热板温度确定之后，拉断制条机拉伸倍数和各区拉伸倍数的分配非常重要。它们对毛条的收缩率、纤维长度等各项指标均有较大影响。经过多次实验确定了拉断制条机热板拉伸及总拉伸工艺参数。最终生产出汽蒸收缩率达到高档收缩率要求（19%～21%）的高收缩率膨体毛条。

抗静电纤维以其特有的性能，可有效改善纤维的加工和服用性能。中国石化齐鲁分公司腈纶厂摸索出抗静电剂的配制和纤维的生产工艺参数，成功研发并生产了具有较强抗静电性能的干法腈纶纤维，填补了国内干法腈纶市场的空白。试验证明，经过20次洗涤，产品仍具有较好的抗静电效果。

4.聚酰亚胺纤维

聚酰亚胺（PI）纤维由于芳环密度较大，大分子中含有酞酰亚胺结构，因此具有较高强度和模量、良好耐热性、耐辐射性能和电绝缘性能，可以广泛应用在诸如消防、电子、航空航天和军事工业等特殊环境。PI纤维在国内外曾有过广泛的研究，但是由于成本和技术等原因，目前工业化的PI纤维品种很少。中科院长春应化所等单位在聚酰亚胺纤维的研制方面取得可喜进展。在聚酰亚胺的研究过程中，聚合所用二酐单体，为联苯四酸二酐，二胺单体包括4,4-二氨基二苯甲烷、对苯二胺和间苯二胺等，制备得到的AS_4碳纤维增强的复合材料在371℃下的力学性能保持率为室温力学性能的50%以上。该技术的关键突破在于发现了对聚合物有良好溶解性的溶剂，聚合物溶液具有基本可纺性，确立了干喷-湿纺技术用于高强、高模纤维的制备，纺丝原液不需复杂的物理或化学处理过程即可进行纺丝。初生纤维在后牵伸过程中能很好取向，从而获得所期待的高强、高模聚酰亚胺纤维。目前建立了吨级规模扩大试验装置。另外，为了进一步提高材料的使用极限，国内学者[24-26]在NA双封端和单封端的聚酰亚胺基体树脂，调控分子主链结构中刚性链段与柔性链段的排列及比例等方面也取得了好的进展。虽然聚酰亚胺纤维仍然是未来的纤维，但我国开展这方面的研究和开发具有重要的战略意义。

5. 其他新型材料

聚乳酸PLA作为化工新材料，原料来自生物质，力学性能好，又具有生物降解性，引起人们广泛的关注。以乳酸为原料，先经减压蒸馏制得单体丙交酯(乳酸的环状二聚体)，然后再以丙交酯为单体，制备出重均分子量达80 000以上的PLA，可纺制出聚乳酸纤维，纤维断裂强度可达3.5 CN/dtex以上，断裂伸长28%。通过合作开发，中国石化已在上述开环聚合路线生产聚乳酸方面取得重要进展。中国石化仪征化纤公司采用重均分子量为15万左右的PLA切片，开展了PLA纺丝加工及后织造工艺的研究。小批量生产了PLA长丝，并利用生产的85 dtex/24 f、115 dtex/24 f规格的FDY和120 dtex/36 f、115 dtex/72 f的DTY聚乳酸纤维，进行了针织物、机织物的开发，试制了不同性能的中高档男女T恤样品，产品品质达到丝光棉的风格及触感，基本掌握了PLA从熔融纺丝、染整、织物开发、服装“一条龙”开发的技术。目前正在开展PLA非纤用途，如非织造布、薄膜、容器等产品的开发。

聚对苯撑苯并二噁唑(PBO)属溶致性液晶高分子，通过液晶纺丝技术可制得高性能纤维。中国石化与有关单位合作，在PBO单体的合成、聚合、纤维成型等方面取得突破，开发了新的聚合前加压脱除HCl的工艺，设计制造了适用于高黏度聚合体系的特殊搅拌器，并形成了PBO的反应挤出—液晶纺丝一体化工艺，制得了高分子量的PBO聚合物，成功纺制了最细纤度1.5 dtex的性能优良的PBO纤维，未经热处理的PBO初生纤维强度已达4.38 GPa，热分解温度达650℃。目前正在进行扩大中试试验。

三、展望

综上所述，我国的聚合物工程研究近年来取得了突飞猛进的进展，在理论方面，据统计[27]，2005年度我国内地学者在国际重要学术期刊发表论文数量与质量有了进一步的提高，我国内地学者在许多本学科的重要期刊发表论文数量也有明显增长，为我国聚合物工程的发展提供了不竭的创新源泉。

首先，三大合成材料等聚合物是国民经济的重要基础材料，对于满足我国社会经济发展的战略需求发挥了不可替代的作用，因此在今后很长一段时间内，我国的聚合物工业还将要有长足的发展，聚合物工程作为重要的支撑学科也将发挥更大的作用。主要表现在新工艺的出现，工程的大型化，更加节能环保的技术开发。自动化，信息化，安全健康是未来技术发展的主流。

其次，聚合物产品工程是需要大力加强的研究方向，其关键的科学问题是探索产品性能与结构的关系，设计开发以产品为导向的新型催化剂。改变目前以提高聚合活性和改善工程问题为唯一目标的开发局面。逐步过渡到以客户为目标，生产性能更好，更轻，更强，更透明，更纯洁的产品，不仅可以更加高效的利用资源，而且可以创造更高的附加值。

最后，认真研究产品的生命周期，评估聚合物产品对环境的影响，开发聚合物的再生回收处理技术，可生物降解的聚合物合成技术等等，也是未来发展的重要方向。

参考文献

[1] 董金勇，刘继广. 一种负载型茂金属催化剂的制备方法：中国，1690088.

[2] 武冠英，吴一弦，等. 一种异烯烃阳离子聚合方法：中国，1241956C.

[3] 李鹤春，王桂英，等. 合成聚异丁烯所用的三氟化硼络合物催化剂及其制备方法：中国，1176124C.

[4] 杨伟，孙建中，等. 丁二烯气相聚合产物分子量分布和粒径分布模型研究. 高校化工学报，2005，19(5)：642-647.

[5] 姚文娟. [D]. 杭州：浙江大学，2005

[6] 金曰光，汪晓东等. 超高分子量聚乙烯增强聚丙烯共混体系的力学性能、亚微相态和增韧机理的研究进展. 高分子通报，2005(8).

[7] http://www. nbdacheng. com.

[8] XIONG DANGSHENG. Friction and wear properties of UHMWPE composites reinforced with carbon fiber. Materials Letters，2005(59)：175-179.

[9] 唐黎明，齐东超. 一种改善超高分子量聚乙烯加工流变性能的方法：中国，1252168C

[10] 李惠林，谢美菊，等. 低黏度超高分子量聚乙烯组合物及其制备方法：中国，1244626C.

[11] 曹湘洪，张勇，等. 中国合成橡胶工业现状及展望. 当代石油石化，2004，12(11)：49.

[12] 杨会林. 环保型丁苯橡胶 SBR1500E 工业化试生产获得成功. 合成橡胶工业，2006，29(1)：29.

[13] 王志坤. 丁苯橡胶的技术进展及市场分析. 化工科技市场，2005(3).

[14] 钱新华，邱建伟. 乳聚丁苯橡胶国内外生产技术及进展. 当代化工，2006，35(2)：73-76.

[15] 洪定一. 中国高分子工业技术进展. 高分子通报，2005，10.

[16] 邬智勇. 氢化苯乙烯-丁二烯-苯乙烯嵌段共聚物研究进展. 合成橡胶工业，2004，27(4)：201-204.

[17] 广东橡胶编辑部. 广东橡胶，2005(11)：22.

[18] 夏宇正，唐裕宽，等. 顺丁橡胶的氯化及其氯含量的控制. 合成橡胶工业，2005，28(6)：412-416.

[19] 武德珍，战佳宇，等. EPDM-g-MAH 对 PPO/PA6 共混体系结构与性能的影响. 高分子材料科学与工程，2006，22(4)：126-129.

[20] 张士齐. 橡胶材料学基础理论的新假说. 合成橡胶工业，2004，27(3)：192-195.

[21] 徐锦龙，李伯耿，等. PET/有机蒙脱土纳米复合材料等温结晶动力学过程研究. 高分子材料科学与工程，2002，18(6)：149-152.

[22] 行春丽，成战胜. 啤酒瓶用共缩聚 PET/PEN 的研究. 塑料工业，2005，33(6)：67-69.

[23] 谢群.干法腈纶制条生产工艺.合成纤维,35(1):37-39,44.

[24] 陈建升,左红军,等.耐高温聚酰亚胺材料研究进展.宇航材料工艺,2006,2.

[25] HAO J Y,GAO S Q,et al. Processable polyimides with high glass transition temperature and high storage modulusretention at 400℃. High Performance Polymers,2001,13(3):211-224.

[26] HAO J Y, HU A J, et al. Preparation and characterization of mono-end-capped PMR polyimide matrix resins forHigh-temperature applications. High Performance Polymers, 2002, 14 (4): 325-340.

[27] 董建华.我国内地学者高分子科学基础研究进展概述.高分子通报,2005,6.

撰稿人:王靖岱　阳永荣

化学工程基础学科研究进展

一、引言

化学工程是以化学、物理和数学的原理为基础，研究化学工业和其他化学类型工业生产中物质的转化，改变物质的组成、性质和状态的一门工程学科。化学工程的发展实现了将其他多学科研究成果直接应用到实际生产中，并起到了构筑宏观（规模化、经济化的制备和合成）与微观（物性、物理现象和化学反应规律）的桥梁作用。这一过程中独立建立了其应用研究理论基础，主要指质量传递、热量传递和动量传递三种传递过程和反应工程。使化学工程这门学科具备了更完整的系统性、统一性，成为化学类型工业发展的理论基础，是 20 世纪化学类型工业持续发展的重要因素。

进入 21 世纪化学工程的应用对象大大扩展，能源、材料、生化和环境领域都迫切需要化学工程学科的介入，这些新领域所涉及的物质体系和形态的复杂性远远超过了以往非电解质溶液的范畴。在溶液中更多的是涉及离子、高分子和生物大分子，而对于更大量遇到的固体形态的物质，除了需要组成和物性的关系之外，组成—结构—功能的关系是最重要的。化学工程需要研究的对象也从主要针对非电解质汽液均相宏观体系转到面向含电解质的纳米—微米亚微观、大界面的液固、气固多相分散体系。这类体系包括胶体溶液、凝胶、悬浮液、乳浊液等，其行为不仅受到系统压力、温度的影响，而且与系统中分散粒子的形态、粒径分布、粒子表面性质、粒子在分散介质中的扩散等因素密切相关；针对这些新体系进行放大时，我们不仅要能掌握其热力学和传递性质，更需要了解其界面形态和性质以及由此形成的超细多相分散体系的特性。因此，化学工程学科面临着巨大的发展机遇和挑战。

在新的形势下，针对化学工业的发展和化学工程学科的发展，许多专家学者对这一重大课题都进行了研究和探索[1-4]。美国科学家 James Wei 等认为化学工程未来的发展方向是“产品工程”[5-6]，它包括产品定义、产品设计、过程设计、生产加工。其中结构与性能的关系（包括分子结构与性能、配方构成与性能）是产品工程的中心问题，模型化是产品设计与过程设计的基础。郭慕孙等则认为化学工程的概念应当扩展到“过程工程”[7]，认为以“三传一反”为学科基础的化学工程的应用对象已远超出了化学工程兴起时的化学产品，并正在延伸到高新技术领域。李静海等[8,9]强调面对日益复杂的化学工程体系，需要运用多尺度的方法，来描述微观、介观和宏观上的物理变化。胡英等[10]认为化学和化学工程的中心问题是结构、性能和制备的关系，性能和制备都是宏观的。化学的结构是微观的，化学工程的结构则是多层次多尺度的。

这些观点都从某一方面正确反映了化学工程所面临的挑战。而实际上，对于一个具体的研究过程来说，很可能需要把这几种观点充分综合起来解决实际问题，推动化学工程的发展。化学工程在进行基础研究的时候，不能简单地从现有的产品制造过程中所遇到的问题来提炼化学工程的基础问题，而必须面对高新技术的需求，找到新的需要化工生产的产品，以它们为对象，应用化学工程的基础知识，找到它的问题所在。

二、化学工程研究的新领域：材料化工

对于分子结构和宏观流场以及与成分与性能的关系，以往传统化工的研究涉及较多，而对介观结构的了解相比较而言还非常粗浅，但作为众多领域应用的共性问题，其重要性日益显著。比如催化剂的合成、制备和应用、纳米复合材料、蛋白质和药物的结晶纯化等均遇到固体的晶态、形貌与相界面等在介观尺度上的关系，这些复杂材料的性能不仅取决于分子种类和组成，更与其所形成的纳米到微米尺度的微结构和界面现象密切相关。从众多繁杂的产品制备和应用实例中我们可以归纳出需要化学工程学科解决的共性问题，即如何根据过程工程大规模、低成本制备和应用的需要，找出与界面现象有密切关系的又便于人们宏观调控的物理变量，通过宏观参数调节复杂材料固相组成、微观和特定的界面结构，最终实现所需的功能。

材料化学工程的研究领域涉及材料学科和化学工程学科的交叉渗透，其研究工作基本沿着两个方面进行：一方面是发展以新材料为基础的单元过程和反应技术，如膜过程、吸附过程、催化过程等，其特征是利用材料的特性实现分离与反应过程，通过对性能—结构关系的研究揭示物质在材料微结构中的传递与反应机理，建立面向应用过程的材料设计与过程优化的理论与方法是研究工作的主要目标；另一方面是用化学工程的理论与方法去解决材料制备过程中的关键问题，其目标是通过对制备工艺—微结构—性能关系的研究达到对材料微结构与性能的控制，实现材料的制备从以经验为主向定量、定向制备的转变[11]。

许多应用于高新技术的化工新材料，不仅要求具有特定的组成，更要求具有特定的纳微尺度的结构，如膜分离材料、介孔分子筛、具有超亲水和/或超疏水性的材料等。其次，具有特殊纳微尺度结构的材料又可以作为模板，制备更为复杂的功能材料或微过程元器件，用于一些特殊的化工过程，如利用共聚高分子材料的纳微结构制备超高密度电路版，利用介孔分子筛为模板制备高长径比的纳米线等。同时，这些具有纳微结构的新材料在使用过程中，常常涉及受限空间中界面吸附和反应、流体的非均匀分布、相态改变、特殊的传递等基本问题，如分子在膜分离材料中的扩散过程、流体在为器件中的流动和传热传质过程、介孔分子筛孔道中的催化反应过程等，此时表面积与体积之比远大于常规系统，在宏观尺度作用微小的力，可能起重要作用，许多宏观规律不再适用。为了实现新材料的设计和可控制备，必须对各种材料纳微结构的形成规律、各种工程因素如流场变化和温度梯度等对纳微结构的影响、微时空尺度下的传递与化学反应的相互作用与协调等有深入的了解，在此基础上设计出具有对材料纳微尺度结构定向调控能力的制备工艺和过程。目前，这方面的研究已经成为国际上纳米技术在化工中应用基础研究的一个重要热点。

南京工业大学徐南平等致力于发展以陶瓷膜材料为基础的化工新单元技术，不仅在我国率先形成了陶瓷膜新产业，开发出新型材料的陶瓷膜支撑体及膜，并将其应用于膜分离，形成中成药生产新工艺、环保废水处理成套装备等；开发出世界领先水平的与燃料乙

醇生产相匹配的无机渗透汽化透醇膜、透水膜及相应的支撑材料，并形成透水膜批量生产能力和渗透汽化透水中试装置；开发出纳米混合导体透氧膜新材料及制备技术路线，并且建立了面向应用过程的陶瓷膜材料的设计理论，将材料与化学工程学科相互交叉，在学术研究方面形成了特色与优势[12-21]。

笔者针对钛基晶须这种先进材料，研究如何通过化学工程方法实现其高质量低成本规模化制备。通过对钛基晶须烧结工艺条件进行分析和实验，找到了钛基晶须在高温下的熔体诱导生长机理。通过控制配比和烧结曲线，很方便地得到各种形貌生长完整的钛酸钾晶须[22-31]。同时，在深入研究电解质固液平衡热力学性质的基础上[25,32]，建立了钛基晶须离子交换过程的热力学模型，得到了晶须组成与结构演变的关系，通过动力学的大量实验和模型分析，找到了动力学影响小的反应区域。通过简单控制溶液离子浓度，准确控制晶须的组成，进而控制其结构与性能。成功合成出各种高质量的单相晶须。实现了利用化工易控参量来控制复杂材料组成、结构与性质的目的[33-34]。

三、化学工程研究的新思路：多尺度

物质转化过程涉及化工、冶金、石油、能源、材料、食品、制药等许多领域。物质转化必须经过工艺、过程和工程放大才能实现产业化，传统的产业化过程主要靠经验和逐级放大，周期长、费用高、效果差。因此，对物质转化过程的深入认识，特别是对其中时空多尺度结构的形成和变化规律的认识，是解决实验室成果产业化的关键。

时空多尺度结构是指物质转化过程中浓度、压力、温度、流速等的非均匀分布，表现在时间上动态变化，空间上的密度和/或组成不均匀，由此产生的效应是指这种结构的变化对过程反应、传递，进而对产品结构及性能产生的影响，其对转化过程起着主要的控制作用。为保证系统内部物质转化条件满足工艺的要求，对化工过程的控制只能在系统或设备尺度进行，这些调控措施，通过对各种尺度的现象发生作用，最终对微观尺度的化学反应条件发生影响。因此，认识各种尺度的时空结构及其变化规律成为 21 世纪过程工程科学研究的焦点之一，也是过程工业发展的关键。

中国科学院过程工程研究所李静海课题组对过程工业中的多尺度效应进行了多年研究，指出过程工业中多数复杂现象呈现多尺度特征的根源在于系统基本单元之间的相互作用，而量化这些复杂现象的根本途径之一是建立单元模型并量化单元之间的相互作用。他们自主开发了颗粒两相流计算的能量最小多尺度模型（EMMS），该模型应用多尺度方法对系统结构进行了分解，并应用能量最小原理建立了系统的稳定性条件，在此基础上建立的动力学模型可求解系统的非均匀结构参数，使得准确地计算气固相间动量传递参数成为可能[8,35-39]。

清华大学于养信等针对化学、化工、生物、医药、材料以及环境中的复杂双液相反应和分离体系，研究微孔液、胶团和反胶团的微、介观结构和界表面性质，以及各种实际流体在微、介观尺度下的密度分布、液-液平衡以及传递性质。用密度泛函理论和分子模拟从理论上解决组装体形成过程出现的流体界面问题[40-45]。由于大部分化学反应发生在催化剂表面，许多分离设备的效率取决于相界面性质，纳米材料的制备和生产需要在界面层进行，所以进一步开展密度泛函理论和分子模拟的应用研究对于化学工程学科发展和新型化学反应及分离工艺的开发等，具有重要的意义。

笔者从理论研究方面对纳微尺度结构的时空变化特性，以及不同的外界因素对于纳微结构的影响等进行了研究探索。刘洪来等以聚合物分离膜、介孔分子筛等复杂材料的制备和应用为背景，以共聚高分子材料、高分子复合材料、功能高分子膜、表面活性剂系统等为重点，用理论分析、计算机分子模拟并结合实验测定，对其介观层次的结构及其演变过程、界面结构进行研究，研究材料达到平衡或介稳平衡时的微相结构、界面结构和物质分布，以及组成、温度、外部条件如冷却方式、模板构型、电场、填充剂等的影响。建立分子结构、材料的介观结构与材料的宏观性能之间的定性、定量关系，为实现复杂材料制备的规模放大和定向调控提供理论指导。复杂材料纳微结构的形成过程实际上是系统分相形成密度和组成的空间不均匀分布的过程，其制备过程和应用中涉及三个问题：一是系统在什么条件下不稳定以致发生分相；二是分相后不同相区形成什么样的介观结构；三是不同相区的界面结构如何。第一个问题可以用传统的相平衡热力学予以解决，关键是建立系统的亥氏函数模型[44-46]；第二个是相变动力学问题，目前也有一些基于非平衡态热力学理论建立的相变理论可以应用，如动态密度泛函理论（DDFT）、时间相关 Ginzberg-Landau 理论（TDGL）等，关键是获得非均匀系统的亥氏函数泛函模型，也可以用动态 Monte Carlo（DMC）或耗散粒子动力学等方法进行模拟[47-49]；界面结构则主要采用密度泛函理论进行研究[50-51]。通过研究复杂系统在相邻时空尺度下结构间的关系，发展了一种有效的从分子出发，经过不同层次的粗粒化，直至形成纳微尺度结构的定量模拟方法。同时，在实验研究方面，针对嵌段共聚物、表面活性剂模板系统等复杂系统，借助原子力显微镜（AFM）、布鲁斯特角显微镜（BAW）等原位、在线分析手段，研究各种外部因素对纳微尺度结构形成的影响、结构的形成与随时空演变的规律，建立纳微结构调控的实验手段[52-54]。

同时，陆小华等也采用多尺度的方法在纳米和微米等多个尺度上研究了 $K_2Ti_6O_{13}$ 晶须的性质。用分子模拟方法首次获得了 $K_2Ti_6O_{13}$ 晶须的热膨胀系数。发现它具有各向同性[55]。同时，用 AFM 对钛酸钾晶须表面形貌和结构进行了观测研究。AFM 实验和分子模拟的结果都证明晶须本身的生长机理符合我们所提出的“液相熔体诱导模型”[56]。而对于用作光催化剂的掺杂 Pt 改性的 $H_2Ti_4O_9$ 和 TiO_2 晶须，也可以从微观层次的 AFM 图像中分析其 Pt 掺杂量和 Pt 的分散程度，以指导光催化实验[57]。

北京化工大学汪文川等针对自行开发的化工中的先进介孔碳材料，包括纳米碳微球（MCMB），纳米活性炭纤维（ACF）的储氢及储天然气（甲烷），以及天然气中 CH_4—CO_2 的分离性能进行了系统的试验测定。用巨正则系综及密度泛函方法对以上两种实际材料进行了计算设计，推荐了适宜的操作条件，预测了在不同工况下的储能性能。还对模型化的单壁碳纳米管及管束，层柱材料的吸附开展了分子模拟与密度泛函研究[58-61]。

四、化学工程研究的新方向：产品工程

近年来，化学工业由初级加工转向深度加工，以往大批量、连续化基础化学品生产模

式正逐步向小批量、多品种、个性化的专用化学品生产转变。而发展专用化学品又面临着如投入市场的周期、产品的特定功能和设计、通用设备的选择和适应等一系列挑战,这些问题的出现必然要求拓展化学工程理论新的研究领域,寻求有效的方法为产品设计、生产和创新提供理论和技术支撑。化学产品工程是以产品为导向的化学工程科学理论。它以化工产品结构和性质的关系为中心研究内容,进行微观层次上的模型、模拟和定量分析,要求设计和控制产品质量,实现从分子尺度到过程尺度的跨越。

传统的过程设计是根据所要生产的产品类别和数量,以成本最低化、利润最大化和效率最高化为目标,同时考虑安全和环境等因素。而产品工程不仅注重单元和过程的效率,更是以产品功能在真正意义上符合用户需求为准则。它的产品生命周期短,要求对市场反应敏捷;规模不大,所以能量消耗不再是主要的制约因素;它使用的生产设备也往往是间歇的,可以根据不同的产品配方对现有设备进行重组,以一种多功能的设备生产不同品种和系列的产品。

产品的结构和性质的关系是化学产品工程研究的中心内容,定量分析和模型化是产品设计与过程设计的基础。国内外研究者尤其关注化学材料的产品设计,从日常用品、食品、药品到工业材料、催化剂、设备的开发和制造无不充分体现了产品工程的研究思路和本质特点。北京化工大学段雪等以天然和人工合成的层状材料为基础,根据应用需要,在较大范围内调变结构参数,如层板化学组成、层板电荷密度、分子识别能力、层间离子种类及密度、层间距、晶体尺寸及其分布等,开发出具有自主知识产权的选择性红外吸收材料、环境友好型催化材料、环保型阻燃材料、吸附材料、多功能载体材料、医药材料、特种军工材料等系列产品,产生了明显的经济和社会效益[62-66]。

华南理工大学钱宇课题组在产品工程方向上进行了深入探索。他们在国家自然科学重点基金"化学产品工程若干关键技术的科学问题"等项目的支持下,以化工产品结构和性质的关系为中心研究内容,进行微观层次上的模型、模拟和定量分析;设计和控制产品质量,试图实现从分子尺度到过程尺度的跨越、关联和集成。通过计算机分子模拟和设计(CAMD),改变了以往主要依据实验摸索的模式,对各种可能的产品结构进行模拟计算,更精确地预测溶剂、制冷剂等配方产品的性能,在大量候选结构中快速筛选出可能的几个方案,再进行针对性的试验,加快了设计开发过程[67-76]。

陆小华等以钛基晶须作为摩擦材料在中高压压缩机中的应用为对象,根据产品工程的理念,以产品的需求—设计—合成—制造为主线,围绕组成—结构—性能的关系,研究了产品设计和制造过程中的若干科学和工程问题,来指导规模化生产高质量、低成本的PTW,以及它在复合材料中的应用。实现了具有自主知识产权的先进技术的产业化[77-82]。另外,我们也将产品工程的理念用于液相光催化体系的 TiO_2 的设计和合成。针对常规路线制备的 TiO_2 晶须比表面积不大(约 20 m^2/g),光催化效果尚不及纳米 TiO_2 的问题,详细研究了 TiO_2 晶须的制备路线,成功获得了高比表面积的介孔 TiO_2 晶须的制造工艺,通过了公斤级多批量的生产运行,并应用于基于此催化剂的日处理50吨废水的光催化反应集成装置。实现了具有自主知识产权的先进技术的产业化,充分体现了材料工程和化学工程的结合[57,83-89]。

五、展望

综上所述，我们可以看到，面对着化学工程发展的机遇和挑战，我们应面向高新技术和新材料领域，综合产品工程、过程工程、多尺度的方法，围绕组成、结构与性质关系的主线，去解决化学工程应用到新材料制备中所遇到的问题。这不但是化学工程发展的需要，而且能够利用基础科学新成就来提升化学工程学科的研究水平。

参考文献

[1] 孙宏伟，刘铮. 面向复杂结构的化学工程——从第一届中美化学工程学术研讨会看化学工程学科的新动态. 中国科学基金，2006(01)：5-7.

[2] 刘铮，金涌等. 化学工程科学发展的回顾与思考. 化工进展，2002(02)：87-91.

[3] 李伯耿，罗英武. 产品工程学-化学反应工程的新拓展. 化工进展，2005，24(4)：337-340.

[4] 费维扬. 过程强化的若干新进展. 世界科技研究与发展，2004，26(5)：1-4.

[5] R C，MOGGRIDGE GD SP. Chemical Product Engineering：An Emerging Paradigm Within Chemical Engineering. AIChE J.，2006，52(6).

[6] EL C，J W. Chemical product engineering. AIChE J.，2003，49(5)：1072-1075.

[7] 郭慕孙. 过程工程. 过程工程学报，2001，1(1)：2-7.

[8] Li J，ZHANG J，et al. Multi-scale methodology for complex systems. Chemical Engineering Science，2004，59(8-9)：1687-1700.

[9] Li J，KWAUK M. Complex systems and multi-scale methodology. Chemical Engineering Science，2004，59(8-9)：1611-1612.

[10] 胡英，刘洪来，等. 化学化工中结构的多层次和多尺度研究方法. 大学化学，2002，17(1)：12-20.

[11] 徐南平，时钧. 我国材料化学工程研究进展. 化工学报，2003，54(4)：423-426.

[12] 丁晓斌，范益群，等. 浸浆制备过程中陶瓷膜厚度控制及其模型化. 化工学报，2006，57(04)：1003-1008.

[13] 吴振涛，张春等. 新型 Al_2O_3 掺杂的 $SrCo_{0.8}Fe_{0.2}O_{3-\delta}$混合导体透氧膜材料的性能. 化工学报，2006，57(08)：1979-1985.

[14] 徐南平. 面向应用过程的陶瓷膜设计、制备与应用. 北京：科学出版社，2005.

[15] 徐南平，李卫星，等. 陶瓷膜工程设计：从工艺到微结构. 膜科学与技术，2006，26(2)：1-5.

[16] 李卫星，刘爱国，等. 陶瓷膜用于糖渴清精制的研究. 中国医药工业杂志，2005，36(1)：43-45.

[17] 吴俊，邢卫红，等. 陶瓷膜在印钞废水处理中的应用. 水处理技术，2005，31(7)：51-53.

[18] JIN W，ZHANG C，et al. Thermal decomposition of carbon dioxide coupled with POM in a membrane reactor. AIChE Journal，2006，52(7)：2545-2550.

[19] WU Z，JIN W，XU N. Oxygen permeability and stability of Al_2O_3-doped SrCo0. 8Fe0. 2O3-d mixed conducting oxides. J Memb Sci，2006，279(1-2)：320-327.

[20] WU Z，ZHOU W，et al. Effect of pH on synthesis and properties of perovskite oxide via a citrate process. AIChE Journal，2006，52(2)：769-776.

[21] JING W，WU J，et al. Emulsions prepared by two-stage ceramic membrane jet-flow emulsification.

AIChE Journal,2005,51(5):1339-1345.

[22] BAO N,FENG X,et al. Low-temperature controllable calcination syntheses of potassium dititanate. AIChE Journal,2004,50(7):1568-1577.

[23] BAO N,FENG X,et al. Study on the formation and growth of potassium titanate whiskers. Journal of Materials Science,2002,37(14):3035-3043.

[24] BAO N,FENG X,et al. Calcination Syntheses of a Series of Potassium Titanates and Their Morphologic Evolution. Crystal Growth & Design,2002,2(5):437-442.

[25] BAO N,LU X,et al. Thermodynamic modeling and experimental verification for ion-exchange synthesis of $K_2O.6TiO_2$ and TiO_2 fibers from $K_2O.4TiO_2$. Fluid Phase Equilibria,2002,193(1-2):229-243.

[26] BAO N,SHEN L,et al. High quality and yield in potassium titanate whiskers synthesized by calcination from hydrous titania. Journal of the American Ceramic Society,2004,87(3):326-330.

[27] BAO N,SHEN L,et al. Shape and size characterization of potassium titanate fibers by image analysis. Journal of Materials Science,2004,39(2):469-476.

[28] BAO N,SHEN L,et al. Room-temperature syntheses of CdS nanocrystals templated by triblock copolymer in aqueous solution under air condition. Chemical Physics Letters,2003,377(1,2):119-124.

[29] LIU C,HE M,et al. Reaction and Crystallization Mechanism of Potassium Dititanate Fibers Synthesized by Low-Temperature Calcination. Crystal Growth & Design,2005,5(4):1399-1400.

[30] LIU C,LU X,et al. Role of an intermediate phase in solid state reaction of hydrous titanium oxide with potassium carbonate. Materials Chemistry and Physics,2005,94(2-3):401-407.

[31] YU L,HE M,et al. Nano-scale mixing of $TiO_2.nH_2O$ and potassium carbonate. Materials Chemistry and Physics,2005,93(2-3):342-347.

[32] JI X,FENG X,et al. A Generalized Method for the Solid-Liquid Equilibrium Stage and Its Application in Process Simulation. Industrial & Engineering Chemistry Research,2002,41(8):2040-2046.

[33] HE M,FENG X,et al. A controllable approach for the synthesis of titanate derivatives of potassium tetratitanate fiber. Journal of Materials Science,2004,39(11):3745-3750.

[34] HE M,FENG X,et al. Application of an ion-exchange model to the synthesis of fibrous titanate derivatives. Journal of Chemical Engineering of Japan,2003,36(10):1259-1262.

[35] 葛蔚,麻景森,等.复杂流动多尺度模拟中的粒子方法.科学通报,2005,50(9):841-853.

[36] 李静海,欧阳洁,等.颗粒流体复杂系统的多尺度模拟.北京:科学出版社,2005.

[37] ZHANG J,GE W,LI J. Simulation of heterogeneous structures and analysis of energy consumption in particle-fluid systems with pseudo-particle modeling. Chemical Engineering Science 2005,60(11):3091-3099.

[38] GAO J,GE W,et al. From Homogeneous Dispersion to Micelles-A Molecular Dynamics Simulation on the Compromise of the Hydrophilic and Hydrophobic Effects of Sodium Dodecyl Sulfate in Aqueous Solution. Langmuir 2005,21(11):5223-5229.

[39] 唐德翔,葛蔚,等.颗粒流体系统宏观拟颗粒模拟的并行算法.中国科学(B辑),2004,47(5):434-442.

[40] YANG-XIN Y,FENG-QI Y,et al. Structure and adsorption of a hard-core multi-Yukawa fluid confined in a slitlike pore: grand canonical Monte Carlo simulation and density functional study. J. Phys. Chem. B,2006,110(1):334-341.

[41] FENG-QI Y,YANG-XIN Y,et al. Structures and adsorption of binary hard-core Yukawa mixtures

in a slitlike pore: Grand canonical Monte Carlo simulation and density functional study. J. Chem. Phys. ,2005,123(11):114705.

[42] 王淑梅,于养信,等. Non-equilibrium Molecular Dynamics Simulation on Pure Gas Permeability Through Carbon Membranes. Chinese Journal of Chemical Engineering,2006,14(2):164-170.

[43] 王淑梅,高光华,等. 氮气和氧气在膜表面和狭缝孔内平衡吸附的分子模拟. 高等学校化学学报,2005,26(11):2113-2116.

[44] YANG J,YAN Q,et al. A molecular thermodynamic model for binary lattice polymer solutions. Polymer,2006,47(14):5187-5195.

[45] HU Y,LIU H. Participation of molecular simulation in the development of molecular-thermodynamic models. Fluid Phase Equilibria 2006,241(1-2):248-256.

[46] YANG J,PENG C,et al. A generic molecular thermodynamic model for linear and branched polymer solutions in a lattice. Fluid Phase Equilibria 2006,244(2):188-192.

[47] 冯剑,刘洪来,等. 耗散粒子动力学的优化修正 Velocity Verlet 算法. 化工学报,2006,57(08):1841-1847.

[48] XU J,HAN X,et al. Synthesis and optical properties of silver nanoparticles stabilized by gemini surfactant. Colloids and Surfaces A: Physicochemical and Engineering Aspects, 2006, 273 (1-3): 179-183.

[49] HUANG Y,LIU H,HU Y. Morphologies of diblock copolymer/homopolymer blend films. Macromolecular Theory and Simulations,2006,15(4):321-330.

[50] ZHENCHENG Y,HOUYANG C,et al. Density functional theory of homopolymer mixtures confined in a slit. J. Chem. Phys. ,2006,125(12):124705.

[51] LIU M,MU B,et al. Adsorption Behavior of Polydisperse Polymeric Systems. Molecular Simulation, 2004,30(5):313-321.

[52] HAN X,HU J,et al. SEBS Aggregate Patterning at a Surface Studied by Atomic Force Microscopy. Langmuir,2006,22(7):3428-3433.

[53] HAN X,XU J,et al. A new approach to thick films of a block copolymer with ordered surface structures. Macrom. Rapid Comm,2005,26(22):1810-1813.

[54] SHI Y,LIU H,et al. Measurements of isothermal vapor-liquid equilibrium of binary methanol/dimethyl carbonate system under pressure. Fluid Phase Equilibria 2005,234(1-2):1-10.

[55] ZHU Y,Wang J,et al. Molecular dynamics simulation of rutile TiO2 and potassium hexatitanate ($K_2Ti_6O_{13}$) crystal. Chinese Journal of Chemical Engineering,2003,11(2):170-174.

[56] XIE J,LU X,et al. Atomic force microscopy (AFM) study on potassium hexatitanate whisker ($K_2O \cdot {}_6TiO_2$). Journal of Materials Science 2003,38(17):3641-3646.

[57] 史月萍,杨祝红,等. 掺铂二氧化钛纤维光催化降解氯仿的研究. 催化学报,2003,24(09):663-668.

[58] 彭璇,汪文川. 狭缝孔内甲烷蒸汽重整化学平衡的分子模拟. 高等学校化学学报,2006,27(08):1530-1534.

[59] LIU B,WANG W,ZHANG X. A hybrid cylindrical model for characterization of MCM-41 by density functional theory. Physical Chemistry Chemical Physics 2004,6(15):3985-3990.

[60] 陈小明,黄世萍,等. 苯-乙烯超临界烷基化反应体系在 ZSM-5 中吸附行为的分子模拟. 化学学报,2004,62(17):1653-1657.

[61] 方沁华,黄世萍,等. 水化镁基蒙脱石的分子动力学模拟. 化学学报 2004,62(24):2407-2414.

[62] EVANS DG,DUAN X. Preparation of layered double hydroxides and their applications as additives

in polymers, as precursors to magnetic materials and in biology and medicine. United Kingdom : Chemical Communications, 2006(5): 485-496.

[63] LEI X, YANG L, et al. A novel gas-liquid contacting route for the synthesis of layered double hydroxides by decomposition of ammonium carbonate. Chemical Engineering Science, 2006, 61(8): 2730-2735.

[64] LI F, LIU J, et al. Stoichiometric Synthesis of Pure MFe_2O_4 (M=Mg, Co, and Ni) Spinel Ferrites from Tailored Layered Double Hydroxide (Hydrotalcite-Like) Precursors. Chemistry of Materials, 2004, 16(8): 1597-1602.

[65] HE J, XU Y, et al. Effect of surface hydrophobicity/hydrophilicity of mesoporous supports on the activity of immobilized lipase. J Colloid Interface Sci, 2006, 298(2): 780-786.

[66] YUAN Q, WEI M, et al. Preparation and Investigation of Thermolysis of L-Aspartic Acid-Intercalated Layered Double Hydroxide. Journal of Physical Chemistry B, 2004, 108(33): 12381-12387.

[67] CHENG H, LI X, QIAN Y. Integrated modelling of process operation systems using the agent-oriented approach. Canadian Journal of Chemical Engineering, 2005, 83(2): 291-299.

[68] LI H, QIAN Y, et al. A modular mixed-integer nonlinear programming algorithm for synthesis of chemical processes. Canadian Journal of Chemical Engineering, 2004, 82(5): 1029-1036.

[69] JI H, KUANG J, QIAN Y. Development of an immobilization method by encapsulating inorganic metal salts forming hollow microcapsules. Catalysis Today, 2005, 105(3-4): 605-611.

[70] PAN J, ZHANG L, QIAN Y. Structure-property relationships and models of controlled drug delivery of biodegradable poly(D, L-lactic acid) microspheres. Chinese Journal of Chemical Engineering 2004, 12(6): 869-876.

[71] CHEN Y, JIANG Y, QIAN Y. Process development and design of chlorine dioxide production based on hydrogen peroxide. Chinese Journal of Chemical Engineering, 2004, 12(1): 118-123.

[72] JI H, SONG J, et al. Kinetic evidence for the mechanism of liquid-solid phase oxidation of alcohols. Reaction Kinetics and Catalysis Letters, 2004, 82(1): 97-103.

[73] 钱宇，黄智贤，等. 化工产品的生命周期成本分析. 化工进展，2006，25(02)：126-130.

[74] 潘明，钱宇，等. 一种改进的顺序型多目的间歇工厂生产调度的 MILP 模型. 化工学报，2006，57(04)：861-866.

[75] 吴志辉，钱宇，等. 化学产品过程开发实验平台——公斤实验室的建设和应用. 现代化工，2005，25(03)：66-68.

[76] 闫志国，钱宇. 化工产品生命周期设计的理论和方法. 现代化工，2004，24(08)：63-65.

[77] 钱宇，闫志国，等. 化学产品全生命周期集成研究的机会和挑战. 自然科学进展，2004，14(11)：1215-1220.

[78] 冯新，陈东辉，等. 钛酸钾晶须增强聚四氟乙烯复合材料的摩擦磨损性能. 高分子材料科学与工程，2004，20(05)：129-132.

[79] 孙盛华，冯新，等. 不同压力下聚四氟乙烯复合材料的磨损行为. 高分子材料科学与工程，2005，21(04)：189-192.

[80] 汪怀远，冯新，等. 无油润滑压缩机活塞环寿命的预测方法. 压缩机技术，2006(02)：10-12.

[81] 王昌松，冯新，等. 十八烷基三氯硅烷表面改性钛酸钾晶须. 物理化学学报，2005，21(06)：586-590.

[82] 王昌松，冯新，等. 烧结法制备含低水溶钾的六钛酸钾晶须. 化工学报，2005，56(05)：937-941.

[83] BAO N, FENG X, et al. Highly Efficient Liquid-Phase Photooxidation of an Azo Dye Methyl Orange over Novel Nanostructured Porous Titanate-Based Fiber of Self-Supported Radially Aligned

$H_2Ti_8O_{17}\cdot 1.5H_2O$ Nanorods. Environmental Science and Technology,2004,38(9):2729-2736.

[84] LU X, ZHOU Y, et al. Method for manufacturing mesoporous titanium oxide crystal whiskers molding material. China:Nanjing University of Technology,2006:9.

[85] CHEN H, LU J, et al. Preparation of superfine particles of calcium carbonate by precipitation method. Nanjing Huagong Daxue Xuebao,1998,20(3):23-26.

[86] HE M,LU XH,et al. A simple approach to mesoporous fibrous titania from potassium dititanate. United Kingdom:Chemical Communications,2004(19):2202-2203.

[87] 陈国钧,杨祝红,等.液固二相光催化反应器模型的研究.高校化学工程学报,2005,19(02):202-207.

[88] 张红漫,陈国松,等.分光光度法测定二氧化钛悬浮体系中甲基橙及光催化降解效果的表征.分析化学,2005,33(10):1417-1420.

[89] 朱健,杨祝红,等.非均相光催化水处理管式反应器的放大设计.现代化工,2005,25(05):55-58.

撰稿人:陆小华　刘畅　刘洪来

微化学工程与技术研究进展

一、引言

20 世纪 50 年代末，著名的物理学家 Richard Feynman 曾预言，微型化是未来科学技术发展方向。在各种空间和时间尺度内，半个多世纪来的自然科学与工程技术发展的一个重要趋势是微型化，尤其是以计算机为代表的信息技术的更新换代和微机电系统(MEMS)的发展已将“微型化”观念，渗透到人类生活和工作的各个领域，并对人类文明进程产生重大的影响[1-3]。

化学工程学历经了“单元操作”和“三传一反”两大历史性的发展阶段。随着科学技术的进步，化学工程学的研究范围正逐渐向时空多尺度尤其是微尺度领域拓展。迈入 21 世纪，化学工业面临着前所未有的机遇和挑战。目前，化学工业主要存在着设备庞大、能耗高、污染重、资源浪费、效率低、产品质量差，新设备和新过程的设计和放大能力差，开发高新技术产品和过程调控难等问题，难以适应可持续发展的需要。随着对能源、环境和资源需求的不断增长和高技术的进步，这些问题将愈加尖锐，能否解决这些问题，已成为我国能否实现新型工业化的关键[4-7]！

微化工技术是 20 世纪 90 年代初顺应可持续发展与高技术发展的需要而兴起的多学科交叉的科技前沿领域，集微机电系统设计思想和化学化工基本原理于一体，并移植集成电路和微传感器制造技术的一种高新技术，涉及化学、材料、物理、化工、机械、电子、控制学等各种工程技术和学科。微化学工程着重研究时空特征尺度在数百微米和数百毫秒以内的化工微型设备和并行分布系统的设计、模拟、生产和应用等过程的基本特征和规律。由于设备特征尺度的微细化，与传统化工设备相比，微化工设备具有高传递速率(传热、传质速率较常规尺度化工设备提高 1～3 个数量级)、易于直接放大(模块结构、并行放大)、设备安全性高、易于控制、适应面广等优点，可实现过程连续和高度集成、分散与柔性生产。由于微反应技术具有强的传热和传质能力，可大幅度提高反应过程中的资源和能量的利用效率，减小过程系统的体积或提高单位体积的生产能力，实现化工过程强化、微型化和绿色化。微化工技术的发展将是对现有化工技术和设备制造的重大突破，也将会对化学化工领域产生相当的影响。[1,3,8]

二、近期微化学工程与技术发展的新进展

微化工技术已有 20 年的历史，国外发达国家如美国、德国、英国、法国、日本等重要的研究机构、高校以及许多大化工公司(如 Du Pont、Bayer、BASF、UOP 等)相继开展了微化学工程与技术的研究。我国起步较晚，中国科学院大连化学物理研究所、清华大学、华东理工大学等单位于近年内先后开展了微化学工程领域的基础与应用研究，在

化工过程强化与化工设备微型化等方面取得了具有国际影响的一些成果。经过五年多发展,已经形成了集微加工技术平台、微化学工程与技术的基础研究及应用开发于一体的完整的研发体系。在微通道换热器和微通道反应器的设计、制造、封装以及传递和反应等方面做了大量卓有成效的研究,为微化工系统的设计、工程放大等提供坚实的基础。

(一)基础研究

设计了新型的微通道流体设备,进行气—气、气—液、气—固、液—液、气—液—固等体系的微尺度流动、分散及传热、传质以及反应等性能的基础研究[9-18]。系统研究微通道内的两相流体预混合方式、通道几何形状和特征尺寸以及通道表面性质对两相流的时空多尺度结构形成、发展及转换的影响。通过实验获得微通道内的两相流型、空泡率等特性参数及其沿通道轴向的变化,结合理论分析和计算模拟,研究两相流型的形成、发展、转换准则和协调机制;同时研究了微通道内不同两相流型下的时空多尺度结构与传质的耦合规律,结合微细尺度下两相传质的界面特性,揭示传质强化的机理及调控机制。系统研究了微通道中单分散液滴和气泡形成规律,并通过调控表面浸润性,在同一微通道混合器中实现了单分散油包水和水包油乳液的制备。在定量分析微通道内界面张力、剪切力、惯性力等作用力的基础上,采用受力分析和无因次分析的方法,建立了准确预测液滴和气泡尺寸的数学模型。系统分析了微米尺度条件下传质性能,发现与毫米尺度液滴传质相比,微米尺度液滴具有滴内传质系数高、比表面积大以及液滴形成阶段对过程影响大等特点,建立了考虑液滴形成时间以及液滴尺度影响的传质模型,准确预测了微尺度相间传质过程。

(二)应用研究

1. 微型氢源系统

氢源技术是质子交换膜燃料电池技术商业化的瓶颈之一。由于目前氢气储存、输送、分配及加注等环节尚存在诸多技术难点,因而无法满足各种规模的燃料电池对分散氢源的需求。而以醇类、烃类等富氢燃料通过重整的方式移动或现场制氢为燃料电池提供氢源具有能量密度大、能量转换效率高、容易运输和携带等特点,在经济性和安全性方面也具有优势,是近期乃至中期最现实的燃料电池氢源载体之一。

大连化学物理研究所微化工技术组开发成功 kW 级的质子交换膜燃料电池用的微型氢源系统(见图 1)。该系统集成了甲醇氧化重整、CO 选择氧化、氢气催化燃烧、原料汽化、微换热等子系统。所开发的甲醇氧化重整催化剂具有高的活性和选择性,因此该系统无需传统过程所必须的 CO 水汽变换子系统。微型氢源系统具有启动快、CO 含量低、比功率高(1.0 kW/L)等优点,系统可稳定供氢 1.0 Nm^3/h H_2,重整气(干气)中 H_2 含量高于 55 vol%,CO 含量低于 25×10^{-6}。申请了 4 项中国专利[19-26]。

该项研究获得国际同行的好评[27-28],为我国氢能及燃料电池技术多元化发展奠定了重要技术基础。目前已有产品提供给高校开展微化学工程与技术教学使用(见图 1 右)。

图 1　1.0 Nm^3/h 的微型氢源系统

2. 微混合技术

许多化工过程为强放热快速反应过程，主要受传热和传质过程控制。利用微混合技术的快速高效混合特性，可以实现过程强化和微型化。

中国科学院大连化学物理研究所微化工技术组开展了单微通道内的流动、混合、传质等，多通道的多尺度结构和流体均布技术的设计及微混合系统的放大与集成、制造与封装等基础与应用基础研究。开发了 5 kt/a 的微混合系统并成功地进行了工业侧线实验（液氨稀释过程，见图 2）。与工厂现有的混合和换热技术相比，微混合系统具有无振动、无噪音，混合、换热效果好、操作稳定等现有工艺所无可比拟的优越性。该项目的成功实现工业应用，必将促进微反应技术在新的化工过程的推广应用。

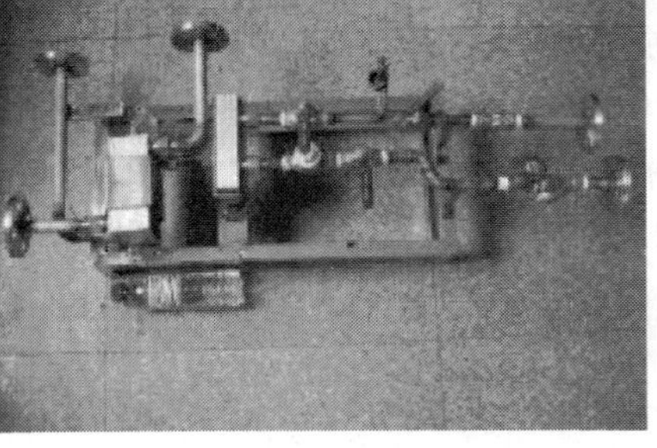

（a）微混合系统　　（b）实验现场

图 2　微混合系统（微混合器和微换热器）工业侧线实验（液体处理量：5 kt/a）

3. 芳烃硝化反应

化学工业中的许多反应过程属强放热反应过程，普遍存在着爆炸的危险，对人类生命和自然环境等危害极大。我国化学工业由于技术和装备落后，特别是在设备放大和过程调控方面存在许多问题，化工生产的安全性较差。如近期发生的中国石油吉林石化分公司双苯厂“11·13”爆炸及其所引发的松花江重大水污染就是一起沉痛的悲剧事件。而采用微反应技术实现反应过程强化与微型化，可大大提高过程效率和安全性，将化工生产的危害降到最小。

有机物硝化是一强放热的快速反应。如果生成的热量不及时移出体系，极易引起爆炸。传统的硝化反应通常是在带冷却夹套的搅拌釜式反应器内进行的，由于换热面积小，传热速率有限，只能通过降低反应速率来避免热量积累导致的反应失控。因而不仅反应釜的体积庞大，而且反应所需时间也很长。如二硝基氯苯的硝化反应的时间长达 6 h～16 h。由于微反应器的良好传递性能，且主体体积小，具有内在安全性，因此，可以实现强放热（吸热）反应、受传质控制的反应、易爆和有毒物质的现场生产等过程的连续操作。中国科学院大连化学物理研究所开展了微反应器内的有机物硝化反应，利用微反应器的高效传热、传质能力用于二硝基氯苯的生产，硝化反应的时间只有 2.4 s，为原来的 1/10 000，可实现该反应过程强化和微型化。

4. 膜分散式微结构混合器

清华大学化学工程联合国家重点实验室借鉴膜乳化技术，按照多个微通道并联和串联的原理，设计了膜分散式微结构混合器，开展了均相及非均相（液—液、气—液）体系的微尺度混合与分散、微尺度传质及微反应过程的应用基础研究[29-30]。新型微结构设备具有混合尺度易于控制、结构简洁、高效、低能耗和大处理量的特点。如以孔径 5 μm的不锈钢烧结膜为分散介质，在很大相比的范围内相分离可以在小于 30 s 的时间内完成，单级萃取效率达到 95%以上，设备处理能力可以达到 1.0 $m^3/(cm^2 \cdot h)$。对于受传递过程限制的反应体系，提出利用微尺度液滴混合来提高传质速率，实现反应过程的快速和可控的思想。根据这一思想，将微结构膜分散设备应用于超细颗粒材料的制备，成功地实现多种无机纳米粉体材料的连续制备，以及对材料粒径和分散行为的控制。利用化学反应探针、纳米颗粒尺度控制以及染料相间传质示踪等技术，开展微结构膜分散反应和分离设备内微混合性能以及反应和传质性能的研究，为微结构设备的工程应用提供基础。采用数目放大的原理，发明了多通道膜分散微结构反应器，进行了单分散纳米碳酸钙制备、油品碱洗及酰胺化预混合反应等过程的应用研究[31]。实现了微化工系统在大规模制备单分散纳米碳酸钙中的工业应用，于 2005 年成功开发了膜分散微结构反应器制备单分散纳米碳酸钙的工业装置，现已建成年产 10 kt 的微反应生产系统。另外，微反应系统在酰胺化预混合反应过程中的小试已经完成，中试研究正在研究中。

5. 过氧化反应

华东理工大学微型反应器研究小组研究了微通道反应器的过氧化反应，选用的反应体系是甲乙酮的过氧化生产过氧化甲乙酮。过氧化甲乙酮是三大有机过氧化物之一，对热、撞击极其敏感，在生产、储存和运输过程中曾出现多起重大事故。利用微反应器进行过氧化甲乙酮生产，能够解决生产中的安全性问题，同时如开发成套的生产装置用于就地生产，和也可避免储存和运输的危险性。该研究小组设计了基于撞击流混合原理的反应器，进行甲乙酮的过氧化，研究了停留时间、反应温度、双氧水浓度和酸浓度对过氧化甲乙酮产品活性氧含量和收率的影响，在不使用稀释剂的情况下实现了安全反应，活性氧浓度在 16%以上，最高接近 18%。该反应器中仅有一个混合板和一个分布板，但产率达到 0.3 kg/h。图 3 为该反应器的结构。

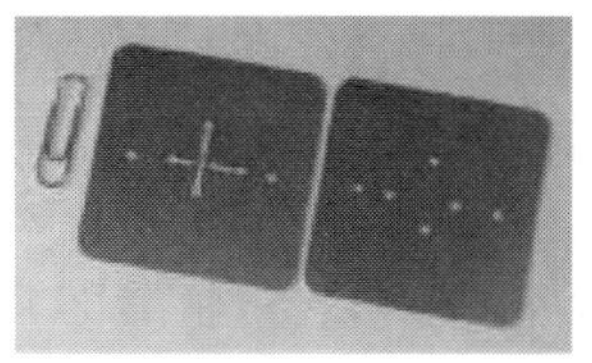

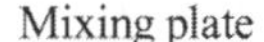

Mixing plate

Housing

Assembling

图 3　微撞击流反应器

微型反应器将采用数量放大的方式扩大生产，因此在反应器设计时存在流体在各个通道或各个反应器之间的流体均布问题。现有的多种流体分布器因为体积较大而不适用于微反应装置。该研究小组利用构型理论(constructal theory)设计和加工了一个分布器(见图 4)，研究了该分布器的流体均布能力，以及在其中的一个或几个孔全部或部分堵塞之后流体的再分布能力，结果表明该分布器具有强的流体均布效果，在入口雷诺数 5 000～10 000时，出口流率最大偏差在 10%以内，如果堵塞一个或多个空，出口流率最大偏差迅速减低至 5%以下。

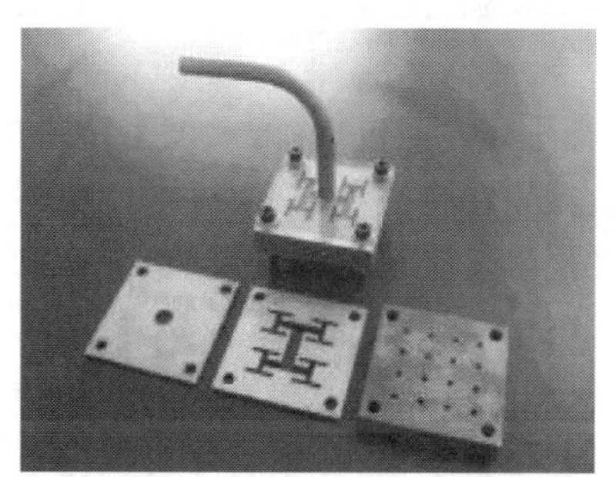

图 4　带有 16 个出口的二维流体分布器

三、微化学工程与技术发展的突破口

由于微化工技术的研究初期主要在高校和科研机构的实验室研究，产业界虽有关注但介入不多，因此对微化工系统的放大和集成技术的研究机会少，大大减缓了微反应技术的实用化进程。经过 10 多年的研发与宣传推广工作，目前微化工技术已处于应用前夜。国内开展微化工技术的研究时间短，若能在研究初期就与产业界合作，可以加速微化工技术的产业化进程，在过程放大和系统集成方面积累经验，形成具有自主知识产权的专利技术。

在我国，微化工技术的研究刚刚展开，在许多领域的研究工作有待于深入进行，与工业应用相结合的能力相对较弱。若能抓住这一机遇，推进我国在“微化工技术”领域的研究，可以预见，这一新的前沿科学将会获得迅速的发展，同时也将确立我国在这一新的学科领域的学术地位，同时该新兴学科的发展和渗透，势将带动相关领域的调整和发展，为我国建立新的学科结构、特色和优势发挥重大的作用。

四、微化学工程与技术的发展目标和前景展望

预计将会在未来的5～10年内，微反应技术将会在实验室、现有设备(精细化工以及医药工业)的改造、微反应器件与传统过程设备的集成、微型氢源系统、个人产品等方面成功应用；尤其是按需生产适应市场需求的中等规模的生产能力、中等到高的设备费用以及过程安全等高值精细化学品的精密化工过程生产领域将率先得到应用。值得一提的是微反应技术也将会在国家安全领域得到广泛的应用，此时价格不是主要因素，只要性能良好，将会很快得到应用。

21世纪的化学工业，面临着前所未有的机遇和挑战。微化工技术的成功开发与应用将会改变现有化工设备的性能、体积、能耗和物耗，并会极大地拓宽它的应用面，将是现有化工技术和设备制造的一项重大突破，也将会对整个化学化工领域产生重大影响。

五、微化学工程与技术研究发展的方向建议

微化学工程与技术的主要研究方向包括：微尺度系统中的流动、传热、混合和传质特征；微时空尺度下的化学反应行为和特征规律；微时空尺度化学反应过程的动力学研究以及催化剂工程化技术；微尺度化学反应系统的优化、集成及其过程模拟和并行放大规律；微化工设备的结构优化设计、制造与封装技术。

微化工技术最有希望的应用领域包括诸如高效的传热传质设备、精细高值化工产品的生产、基于微反应器的新工艺与新过程、易燃易爆的反应过程、强放热快速反应的控制(直接氟化、硝化等)、危险品的就地生产、新一代半导体等器件的冷却、燃料电池及其车载燃料系统的微型化等技术的开发。其主要的技术难点包括微反应系统的设计、制造、装配、密封技术、参数测量技术(无接触测量技术)、系统自动控制技术、催化剂的壁载或填充技术等。深入开展微尺度化工系统中的表面和界面现象、传递规律、微反应器中纳米催化剂的制备及反应特性与规律、微尺度化学反应器的并行放大规律与系统集成等微系统化学工程的基础研究，为微化工系统的设计开发提供理论依据，同时也将推进微细尺度的化学工程理论的发展。另外，在国家安全所涉及的化学化工方面，应用微化工技术能大幅度提高相应系统的效率并减少其体积和重量，也是这个新学科的重要应用领域之一。

参考文献

[1] 陈光文，袁权. 微化工技术. 化工学报，2003，54(4)：427-439.

[2] 刘静. 微米/纳米尺度传热学. 北京：科学出版社，2001.

[3] 陈光文，袁权. 微化工系统//李静海，胡英，袁权，何鸣元，主编. 展望21世纪的化学工程. 北京：化学工业出版社，2004：51-51.

[4] 李静海，胡英，袁权，何鸣元，主编. 展望21世纪的化学工程. 北京：化学工业出版社，2004.

[5] LEROU J J, NG K M. Chemical reaction engineering: A multiscale approach to a multiobjective task. Chem. Eng. Sci., 1996, 51(10): 1595-1614.

[6] CHARPENTIER J. The triplet "molecular process-product-process" engineering: the future of chemical engineering? Chem. Engi. Sci., 2002(57): 4667-4690.

[7] JENSEN K F. Microreaction engineering-is small better?. Chem. Eng. Sci., 2001, 56(2): 293-303.

[8] WEGENG R S, DROST M K, et al. Process intensification through miniaturization of chemical and thermal systems in the 21st century. Springer: Proc. 3rd Int. Conf. Microreaction Technology (IMRET3), 2000: 2-13.

[9] ZHAO YUCHAO, CHEN GUANGWEN, et al. Liquid-liquid two-phase flow patterns in a rectangular microchannel. AIChE Journal, 2006, 52(12): 4052-4060.

[10] YUE JUN, CHEN GUANGWEN, et al. Pressure drops of single and two-phase flows through T-type microchannel mixers. Chemical Engineering Journal, 2004, 102(1): 11-24.

[11] CAO BIN, CHEN GUANGWEN, et al. Fully developed laminar flow and heat transfer in smooth trapezoidal microchannel. International Communications in Heat and Mass Transfer, 2005, 32(9): 1211-1220.

[12] CAO BIN, CHEN GUANGWEN, et al. Numerical analysis of isothermal gaseous flows in microchannel, Chemical Engineering & Technology, 2006, 29(1): 66-71.

[13] 赵玉潮，应盈，等. T型微混合器内的混合特性. 化工学报，2006，57(8)：1884-1890.

[14] 乐军，陈光文，等. 微通道内气—液传质研究. 化工学报，2006，57(6)：1296-1303.

[15] XU J H, LI S W, et al. Preparation of highly monodisperse droplet in a T-junction microfluidic device. AIChE Journal, 2006, 52(9): 3005-3010.

[16] XU J H, Li S, et al. Formation of monodisperse microbubbles in a microfluidic device. AIChE Journal, 2006, 52(6): 2254-2259.

[17] XU J H, LI S W, et al. Controllable gas-liquid phase flow patterns and monodisperse microbubbles in a microfluidic T-junction device. Applied Physics Letters, 2006, 88(13): 133506.

[18] XU J H, LUO GUANGSHENG, et al. Shear force induced monodisperse droplet formation in a microfluidic device by controlling wetting properties. Lab on a Chip, 2006, 6(1): 131-136.

[19] CHEN GUANGWEN, LI SHULIAN, et al. Pd-Zn/Cu-Zn-Al catalysts prepared for methanol oxidation reforming in microchannel reactors. Catalysis Today, 2007, 120(1): 63-70.

[20] CHEN GUANGWEN, YUAN QUAN, et al. CO selective oxidation in a microchannel reactor for PEM fuel cell. Chemical Engineering Journal, 2004, 101(1-3): 101-106.

[21] 陈光文，李淑莲，等. 钾助剂对 Rh/Al_2O_3 催化富氢条件下CO选择氧化反应性能的影响. 催化学报，2005，26(9)：809-814.

[22] 曹彬，陈光文，等. 微通道反应器内氢气催化燃烧. 化工学报，2004，55(1)：42-47.

[23] 陈光文，李淑莲，等. 一种甲醇氧化重整制氢催化剂及制法和应用：中国，200410003890.8.

[24] 陈光文，李淑莲，等. 负载微量贵金属的甲醇氧化重整制氢催化剂及制备方法：中国，200410068876.6.

[25] 陈光文，李淑莲，等. 一种新型的甲醇氧化重整制氢用非贵金属催化剂及其制备方法：中国，200410083646.7.

[26] 陈光文，李淑莲，等. 一种富氢条件下一氧化碳选择氧化催化剂及制备方法：中国，ZL02144774.8.

[27] HOLLADAY J D, WANG Y, et al. Review of Developments in Portable Hydrogen Production Using Microreactor Technology. Chemical Review, 2004(104): 4767-4790.

[28] TSOURIS C,PORCELLI J V. Process Intensification-Has Its Time Finally Come?. Chemical Engineering Progress (CEP),2003(10):50-55.

[29] XU J H,LUO GUANGSHENG,et al. Experimental and theorital approaches on droplet formation from a micrometer screen hole. Journal of Membrane Science,2005,266(1-2):121-131.

[30] CHEN GG,LUO GS,et al. Experimental approaches for understanding mixing performance of a minireactor. AIChE Journal,2005,51(11):2923-2929.

[31] WANG K,LU Y C,et al. Reducing side product by enhancing mass-transfer rate. AIChE Journal,2006,52(12):4207-4213.

撰稿人:陈光文

过程工业面临的挑战与研究重点探讨

一、过程工业的发展现状与趋势

过程工业是以物质转化过程为核心的产业，其技术特征是从事物质的化学、物理和生物转化，生成新的物质产品或转化物质的结构形态，产品计量不计件，连续操作，生产环节具有一定的不可分性，如涉及化石资源和矿产资源利用的产业（石油化工、冶金等）等；与此相对的则是以物件的加工和组装为核心的产业，根据机械电子原理加工零件并装配成产品，但不改变物质的内在结构，仅改变大小和形状，产品计件不计量，多为非连续操作，这类工业可统称为装备工业。

已有的研究表明[1]，过程工业占我国工业总产值的36%，GDP的16.6%，为国民经济的发展提供物质基础，但与此同时又存在着较为严重的资源转化率低、能耗高、污染重等问题，危及国家能源安全并制约国民经济的可持续发展。

扭转现状实现过程工业持续发展的基础和前提是，突破从工业实际中抽提的具有共性、带动性和全局性的重大关键科技问题——物质转化过程中的时空多尺度结构定量预测和优化调控[2-6]，实现过程工业绿色化和信息化的发展目标。其中，绿色化包括三方面的内容：一是指在工艺上要是实现物质转化过程的高转化率、高选择性和高能源利用率（简称为三高）；二是指在原料、过程和产品上要实现低毒介质（溶剂）、低毒原材料、低毒或无毒产品（简称为三低）；三是指在系统上实现废弃物排放量最少、副产品最少（简称为两少），目标是实现循环经济。而信息化除包括计算机辅助设计、过程优化和自动控制以外，更为重要的是要虚拟仿真实现工艺到产业化以及系统集成的全部细节，实现量化设计、直接放大，以期最终取代依靠经验的逐级放大。这一目标也集中体现了过程工业的发展趋势。

二、过程工业学科基础面临的挑战

过程工程是过程工业的学科基础，它是研究物质在化学、物理和生物转化过程中的运动、传递和反应及其相互关系的学科。过程工程与化学工程有着共同的研究核心，即物质转化，但相比于后者，前者更为综合，服务的领域不仅仅限于化学工业。事实上，过程工程被视为化学工程的拓展，是以化学工程基本原理和方法强化所有物质转化过程，如冶金、生物制药、材料制备等而形成的新发展，是对学科交叉和领域融合的世界科技发展趋势的响应。化学工程中遇到的难题必然是过程工程的难题；反之，过程工程的新发展也必然代表着化学工程的走向。目前，对过程工业共性关键科学问题的研究非常缺乏，技术基础远远落后于时代科技水平，也制约我国过程工业发展的核心科技障碍。对这一障碍的突破即是过程工程面临的最大挑战。

物质转化过程通常为多相复杂系统，涉及气液固三种物质，它们在转化过程中相互混合形成特定的结构，有均匀结构和不均匀结构两种，而绝大多数为不均匀结构，表现为时空多尺度结构。这种不均匀结构以气泡、液滴、颗粒、颗粒聚团等形式存在，不仅其尺寸大小不同、空间分布不均匀，而且随时间不断变化。这种不均匀多尺度结构与物质的流动行为、传递行为和反应行为密切相关，存在于物质转化过程中的每一个环节，决定着物质转化的进程与效果，但迄今为止，这一结构还不为人们所掌握。显然，掌握这一结构的形成机理与演化机制，对物质转化过程的放大与调控有着极为重要的意义。因此，以实现对真实结构准确描述为目标，突破物质转化过程中的时空多尺度结构及其效应，就成为必须突破的共性关键科学问题，也是对过程工程面临挑战的具体应对。

三、过程工程的发展趋势与研究重点

过程工程目前的发展趋势[5-9]体现在三个方面：一是领域正在进一步向生物、信息、环境、材料、纳米等领域扩展；二是研究尺度范围不断拓宽，向下到纳微尺度、向上到生态等系统尺度；三是研究方法由以实验为主，通过归纳、总结、经计算获得理论的方法，发展到以计算为主，从理论直接到实验预测的方法。

贯穿于这三方面的核心是，认识并掌握物质转化过程中的时空多尺度结构和它对运动、传递和反应及其相互关系的影响规律，将物质转化过程涉及的大尺度生态系统与小尺度化学物理过程进行跨尺度关联，与当代先进的计算方法和计算机模拟相结合，实现过程量化，对物质转化，设计并开发清洁的转化工艺、实现从微观到宏观的量化放大和从宏观到微观的定向调控，在各个尺度上保证物质转化过程所需的最佳工业条件。这将是推动和建立过程工业的绿色化与信息化的关键和所不可或缺的基础，有望成为新的里程碑。具体研究重点如下。

(一)结构、界面和相互作用[10-13]

结构和界面是物质的基本存在形态，而关联这些基本物质形态并维持自然界呈现有序运动的核心是相互作用。经典热力学将分子看作质点，现代量子力学和分子热力学大多也将分子处理成硬球，这些理论的成功之处是比较真实地表达了物质单元之间的相互作用。对于真实的物理和化学体系，物质单元的大小不能忽略不计，如范德华(van der Waals)状态方程中硬球体积是主要参数。对于大分子(如聚合物、蛋白质)或不对称分子体系，结构和界面的因素都不能忽略，典型的例子是 UNIQUAC 模型，体积参数和面积参数反映的就是分子的结构和界面，尽管是简化的处理方法，但在不对称流体的相平衡中获得了巨大成功。对于表面积非常大的体系，如纳米颗粒体系，物质单元的表面能甚至超过其内部的能量，这是表(界)面能成为主要因素，表面颗粒的聚团就是相互作用的证明。由此可见，不管是微尺度还是宏尺度，结构、界面和相互作用是三个主要因素。三者互相联系，互为函数关系。

相互作用不仅指分子—分子之间的色散力、库仑力和氢键等，还包括颗粒—颗粒之间、颗粒—流体之间、聚团—流体之间、气泡—液体之间、液滴—流体之间、体系—环境之间的各种相互作用。结构不仅指原子—分子结构、颗粒结构等平衡态结构，也包括单元设备和过程的耗散结构或非平衡结构等。界面不仅指原子、分子、纳米颗粒等的微观界面，还包括流体—流体、固体—流体、流体—设备之间的宏观接触界面。通常微观部分属于分子工程的研究范围，介观和宏观部分属于过程工程的研究范围。两者的对接甚至统一是发展趋势，也是世纪难题。

(二)EMMS模型和非平衡耗散结构的预测[3,14-18]

物质转化过程中气、液、固物质形成的以气泡、液滴、聚团的不均匀分布为特征的非平衡耗散不均匀结构，是气、液、固三相物质运动相互作用的结果。正确预测该类结构对正确预测设备中的流动、传递、分相和反应，实现物质转化过程的放大与调控，具有极其重要的意义。李静海、郭慕孙在研究快速流态化床的局部结构时，提出了能量最小多尺度作用模型(Energy-Minimization Multi-Scale model)，简称EMMS模型。该模型提出流体控制、颗粒控制、流体—颗粒相互协调的概念，认为在快速床中流体用于颗粒的悬浮输送能最小，并以此作为系统的稳定性条件，与气体、固体各自的动量守恒、质量守恒方程一起求解反映局部结构的稀相空隙度、密相空隙度、稀相与密相体积份数、稀相气速、密相气速、稀相颗粒速度、密相颗粒速度、聚团平均尺寸等八个参数。给出了预测多相流结构的方法。该法需要向时间和空间方向开拓，研究对象延伸至气/液、液/液和气/液/固系统，有望成为预测时空多尺度结构的有力工具。

(三)结构、界面与“三传一反”的关系[19-22]

不言而喻，结构和界面对“三传一反”具有直接的影响，但由于结构和界面的时空变化复杂，预测十分困难，计算量巨大，以往的研究不得不采取平均的方法而躲开结构和界面的时空不均匀变化，但随着计算技术的迅速发展以及多尺度方法的进展，使得预测结构、界面与“三传一反”之间的关系成为可能。近年来杨宁和李静海[16-17]的研究工作证明，在相同的操作条件下，气固两相流中气体和颗粒之间的相互作用之曳力系数，按照平均方法与按照考虑多尺度结构的多尺度方法计算所的结果之间存在数量级的差别。平均方法计算的曳力系数为18.6，而多尺度方法的计算结果为2.85，由此两种曳力系数计算所得的流动形态大相径庭，而多尺度方法的结果更接近实际。再以精馏塔内的气液传质过程为例，也是多尺度结构的传质，包括设备尺度的气液两相逆流传质过程、局部尺度塔板上的气液两相错流传质过程以及微观尺度的气液界面传质过程。因此准确描述一个实际的传质或反应系统，必须考虑不同尺度过程之间的关联。刘春江、袁希钢、余国琮等[21-22]对一个大型精馏塔板效率进行估算时发现，若采用传统的计算流体力学方法处理，不考虑各个局部流动对全局传质的影响(仅考虑平均)，则精馏塔的传质效率沿塔板数基本呈线性分布而且较高，约0.95左右。但是，若考虑各个局部流速分布的计算结果对塔板的传质进行计算，即用下一级尺度各个局部的计算结果，计算上一级尺度的传质效应，结果传质效率沿塔板数不再是简单的线性分布，而是非线性分布，且其数值较低约0.75左右，这恰恰是实际工业中通常可以观察到的。可见，结构、界面不仅对动量传递有决定性影响，而且对质量传递、热量传递和化学反应同样会有决定性影响。目前这方面的研究尚属刚刚起步，急需加强。随着结构、界面与“三传一反”的关系的理论与计算模型的确立，有可能建立过程工业装置设计、放大和调控的科学理论,有关物质转化的科学研究将会进入一个新的里程。

(四)结构与界面的调控理论与方法[23-25]

一般而言,结构越均匀,相间接触界面越大,越有利于传质、传热和化学反应。影响结构和界面的最主要因素是操作条件(包括温度、压力、气液固三相各自的流速与流向、稳态操作与动态操作等)与系统或设备条件(包括颗粒、流体的性质,如颗粒尺寸、形状、密度与表面状态,流体的密度、黏度与剪切特性,设备与内构件的结构与形状,外力场的影响等)。目前最佳操作条件和系统条件的寻找主要依靠理论分析和大量实验,如李洪钟与郭慕孙[23]已提出了包括颗粒设计、流体设计、床型与内构件设计、外力场设计的旨在优化流化床结构的气固流态化的散式化理论与方法。为了提高反应与分离设备的效率与强度,人们提出并采用了诸如超重力分离器、高速转盘反应器、整体催化剂、反应与分离于一体的耦合技术、外场强化技术等[24-25],其实质也在于改善反应与分离设备内部的结构与界面。随着反映结构与界面的数学模型的不断完善,计算技术的迅速提高,采用数值模拟的方法对结构与界面进行调控与优化是大势所趋,但仍需经历艰难漫长的过程。

(五)模型与计算方法[16-32]

由于结构、界面时空变换的复杂性,其预测模型将十分复杂,计算量也会十分巨大,因此对于模型和计算方法的研究显得十分重要。对于复杂体系,其分子尺度上的性质与过程尺度上的宏观操作之间不可分割。如:过程尺度上的流动可能导致分子构型的改变,从而导致分子性质的改变,并最终影响过程的宏观行为。又如:化学反应是原子一分子尺度的现象,而在生产中控制化学反应,需要从流动或热质传递等宏观现象入手,宏观操作和微观反应之间是互动关系。在此情况下,分子模拟和过程模拟必须同时运算才能描述真实的过程。为此,研究跨越原子—分子—介观—宏观不同尺度的计算机模拟方法势在必行。然而,由于目前计算机计算能力的限制,要实现分子模拟和过程模拟之间的直接衔接还很困难,往往是从不同角度分别进行模拟。如过程尺度的流程模拟(FS)和流体力学计算(CFD) 通常分别独立进行。目前解决两者有机结合的有效办法是将 CFD 模拟嵌入到流程模拟(FS)中,流程模拟进行物料和能量的解算,并给 CFD 模拟提供计算所需的输入参数,而 CFD 则计算出流体参数分布和空间结构,这些信息反过来用于修正流程模拟的模型及参数,并用于流程模拟的计算。随着计算机性能的进一步提高以及多级并行计算技术的开发,可望使计算能力迅速达到 1 016 FLOPS 以上,这将为计算机模拟的实际工业应用提供强有力的工具。与此同时,如能在理论或计算方法上有所突破,包括一些合理的近似,在保证计算精度的条件下,极大地节省计算时间,无疑具有重大的现实意义。

虽然流体力学方程是处理流体的动量输运问题的,但实际上大多数化工过程都是在流体的主导或参与下进行的,流体的流动与“三传一反”是紧密耦合的,因此,“三传一反”问题通常是在流体力学的框架下联合求解。无疑,计算流体力学在化工过程的计算机模拟中占有核心地位。目前描述传递过程的模型主要是连续介质模型,即在微观足够大和宏观足够小的尺度上进行平均化,将研究对象处理成一组相互关联的微元。原则上假设状态参数在微元内是均匀的而在微元间是缓变的,这使它们适用从近平衡系统获得简单本构式，如牛顿内摩擦定律，从而可以通过数值手段预测系统的时空变化。但从过程放大考虑，由于系统的复杂性多尺度结构，真正能满足这种要求的微元尺度与系统尺度相比往往过于微小，如几十米尺度的工业装置内湍流的耗散涡可远小于毫米尺度，因此无论从数值方法还是计算量上讲，严格计算几乎是不可能的，甚至如此精确的边界和初值条件也无法给定。然而，为得到应用，目前连续介质方法常常只能采用并不合适的微元，其内部含有丰富而显著的结构，很难说处于近平衡状态，这时简单的本构关系已不再适用。但由于对多尺度结构的形成和相互作用的机理缺乏了解，这种不均匀结构经常被无理而又无奈地忽略了，最多是用经验或粗略的理论估计来修正结构的影响。即便如此，这样的模型也远不能达到实时计算。因此，目前过程控制中采用的大多还是统观的经验性模型。还有，微分方程数值求解在计算的稳定性和并行性上也存在不少问题，特别是缺乏简单而精确地处理复杂的运动边界或间断面的手段。因此，在总体上 CFD 计算还处于补充实验不足，辅助工业设计的配角地位。

克服上述难题的有效途径应是将能预测微观或局部多尺度结构的方法，如 EMMS 模型嵌入到 CFD 模型之中，由局部结构模型得到反映结构影响的微元的平均动力学参数，用于 CFD 模型的计算之中。目前已有两流体模型与 EMMS 模型相结合、颗粒轨道模型与 EMMS 模型相结合的研究工作，应当引起足够的重视。

与连续介质模型相呼应的是粒子模型，所谓粒子模型或粒子方法是将模拟系统离散为大量相互作用的粒子，通过动力学计算描述每个粒子的行为，从而直接或通过统计与组合复现系统的行为。因为世界本质是离散的，从宇宙、星系到分子、原子，后者都可视为前者的粒子。因此粒子方法是最直观和普适的模拟方法。采用粒子方法，可以从微观入手，先详细掌握其较小尺度上的动力学，然后提炼出其中的统计规律以供较大尺度上的动力学研究，如此环环相扣直至设备尺度。显然其计算量是非常巨大的。

粒子方法的另一优势是其良好的并行性。物理粒子间的作用本质上不外乎四种基本力，其中引力和电磁力的强度与质点间的距离平方成反比，而强和弱相互作用的衰减更快，因此一般可以忽略相距足够远的粒子间的作用。这就导致了局部性，即尽管整个系统有无限个粒子，但直接决定任一粒子瞬时运动的粒子却是有限的。同时一对粒子间的作用函数一般可通过常微分方程描述，一个粒子同时受到的各对作用可叠加，这些都是十分有利于并行计算。粒子方法在过程工程中的应用已受到很大关注，描述多相流行为的拟颗粒模型已获得初步成绩，前景光明。

由于粒子方法计算量巨大，在化学工程中可优先考虑用粒子方法从源头上研究各种结构和界面的形成机制，如多相流中气泡、液滴、颗粒聚团、各种界面的形成机制。在此基础上进一步用多尺度方法对各种结构进行定量化描述，得到反映单元结构性质的各种参数，供设备尺度的 CFD 模拟使用。

(六)实验与测试技术[33]

随着研究由宏观向微观扩展，对微观测量技术提出更高的要求，重点是测量微观与局部的结构和界面的动态参数，如气泡、液滴、聚团的尺寸与速度，它们的体积分率，微观与局部的曳力系数、传热系数和传质系数等。这就要求开发相应的摄像技术、图像处理技术、精细的实验技术。如新一代无接触式工业 CT 技术、电容空隙度测量与图像再现技术、高速高清晰度微观摄像技术，以及高灵敏度的动量、热量和物质组分的传感器和相应的实验技术等。

(七)几个值得关注的研究课题

基于以上的讨论，可以预测，在以下几方面开展研究，对深化重大共性关键问题——物质转化的时空多尺度结构具有重要支撑意义，这些内容包括：物质转化过程中多尺度结构与界面的形成机理（拟颗粒方法）、物质转化过程中多尺度结构与界面的定量化预测（多尺度 EMMS 模型）、物质转化过程中多尺度结构与界面与三传一反的关系（曳力系数、传质系数、传热系数的求解与实验验证）、多相流反应器的数值模拟（多尺度结构模型与 CFD 模型的耦合和多尺度结构模型与颗粒轨道模型的耦合、并行计算与计算方法的研究）等方面。

参考文献

[1] 肖炘，张锁江，等. 过程工业的绿色化与信息化. 中国科学基金，2004(06)：333～339.

[2] LI J H. Complex systems and multi-scale methodology-Preface. CHEMICAL ENGINEERING SCIENCE，2004，59(8-9)：1611-1612.

[3] LI J H，KWAUK M. Exploring complex systems in chemical engineering - the multi-scale methodology. CHEMICAL ENGINEERING SCIENCE，2003，58(3-6)：521-535.

[4] KWAUK M，LI J H. Scale and structure in chemical engineering. CHEMICAL ENGINEERING RESEARCH & DESIGN，2002，80(A7)：699-700.

[5] 孙宏伟. 化学工程的发展趋势——认识时空多尺度结构及其效应化工进展. 2003(03)：224-227.

[6] CHARPENTIER. J C，MCKENNA. T F. Managing complex systems：some trends for the future of chemical and process engineering. CHEMICAL ENGINEERING SCIENCE，2004，59（8-9）：617-1640.

[7] RONALD BRESLOW and MATTHEW V TIRREL. Beyond the molecular frontier-Challenges for chemistry and chemical engineering：Committee on challenges for the chemical sciences in the 21st century. Washingtong，D. C. ：The National Academies Press，2003.

[8] CHARPENTIER. J C. The triplet "molecular processes-product-process" engineering：the future of chemical engineering ? CHEMICAL ENGINEERING SCIENCE，2002，57 (22-23)：4667-4690.

[9] HAROLD M P，OGUNNAIKE B A. Process engineering in the evolving chemical industry. AICHE JOURNAL，2000，46(11)：2123-2127.

[10] 张锁江，张香平. 分子工程与过程工程//李静海，等，编. 展望 21 世纪的化学工程. 北京：化学工业出版社，2004：36-49.

[11] 贺高红. 表面与界面//李静海，等，编. 展望 21 世纪的化学工程. 北京：化学工业出版社，2004：50-56.

[12] 刘洪来，胡英. 共聚高分子和表面活性剂的多尺度结构//李静海，等，编. 展望 21 世纪的化学工程. 北京：化学工业出版社，2004：120-129.

[13] 刘会州，郭晨，等. 乳状液和微乳液//李静海，等，编. 展望21世纪的化学工程. 北京：化学工业出版社，2004：130-137.

[14] 李静海. 颗粒流体两相流多尺度方法和能量最小模型[D]. 北京：中国科学院化工冶金研究所，1987.

[15] 李静海，郭慕孙. 过程工程量化的科学途径——多尺度法. 自然科学进展，1999，9(12)：1073-1078.

[16] 李静海，葛蔚. 复杂系统与多尺度方法//李静海，等，编. 展望21世纪的化学工程. 北京：化学工业出版社，2004：172-187.

[17] LI J. Compromise and Resolution-Exploring the multi-scale nature of gas-solid fluidization. Powder Technology，2000，111：50-59.

[18] SIENIUTYCZ S，SALAMON P. Nonequilibrium theory and extremum principles. New York：Taylor & Francis，1990.

[19] YANG N，WANG W，et al. CFD simulation of concurrent-up gas-solid flow in circulating fluidized beds with structure-dependent drag coefficient. Chem. Eng. J.，2003，96：71-80.

[20] YANG N，WANG W，et al. Computer simulation of heterogeneous structure in circulating fluidized beds by combining the two-fluid modle with the EMMS approach. Ind. Eng. Chem. Res.，2004，43(18)：5548-5561.

[21] 刘春江，袁希钢，等. 计算传质学//李静海，等，编. 展望21世纪的化学工程. 北京：化学工业出版社，2004：253～266.

[22] LIU C J，YUAN X G，et al. The Analysis of distillation tray column efficiency by fluid dynamics and mass transfer computation//AIChE Meeting. New Orleand，2003.

[23] 李洪钟，郭慕孙. 气固流态化的散式化. 北京：化学工业出版社，2002.

[24] 费维扬. 过程强化和耦合//李静海，等，编. 展望21世纪的化学工程. 北京：化学工业出版社，2004：578-585.

[25] 刘铮. 外场强化//李静海，等，编. 展望21世纪的化学工程. 北京：化学工业出版社，2004：552-566.

[26] 葛蔚，郭力，等. 计算流体力学与并行计算//李静海，等，编. 展望21世纪的化学工程. 北京：化学工业出版社，2004：228-239.

[27] GE W，LI J. Pseudo-particle approach to hydrodynamics of particle-fluid systems//Kwauk LI J，eds. Circulating Fluidized Bed Technology V. Beijing：Science Press，1996：260-265.

[28] GE W，LI J. Macro-scale phenomena reproduced in microscopic-pseudo-particle modling of fluidization. Chem. Eng. Sci.，2003，58(8)：1565-1585.

[29] OUYANG J，LI J，Particle-mootion-resolved discrete model for simulating gas-solid fluidization. Chem. Eng. Sci.，1999(54)：2077-2083.

[30] OUYANG J，LI J. Discrete simulations of heterogeneous structure and dynamic behavior in gas-solid fluidization. Chem. Eng. Sci.，1999(54)：5427-5440.

[31] FRENKEL D，Smit B. Understanding molecular simulation. San Diego：Academic Press，1996.

[32] TSUJI Y，KAWAGUCHI T，et al. Discrete particle simulation of two dimensional fluidized beds. Powder Technology，1993，77(1)：79.

[33] 李洪钟. 测量技术//李静海，等，编. 展望21世纪的化学工程. 北京：化学工业出版社，2004：623-631.

撰稿人：李洪钟　肖炘

ABSTRACTS IN ENGLISH

Comprehensive Report

Advances in Chemical Engineering

Chemical engineering is the branch of engineering that is concerned with the changes in terms of substance transformation, conformation and composition occurred in industrial chemical processes and other relative processes, as well as the design, operation and optimization of the plant and machinery used. Over a period in late 19th to late 20th centuries, the evolution of chemical engineering went through two development stages: the unit or simple operation development, as well as the development of mass transfer, heat transfer, momentum transfer and reaction engineering. In the late 20th century, the production processes for chemicals with special purposes and market demand were restricted due to the increasingly strict requirements for environment protection. Then, the chemical engineering comes to a new era for its development. Some scholars thought of the time-space multi-scale as the characteristic of its new development stage.

This report demonstrates the progress in chemical engineering in our country through ten typical significant achievements obtained in recent two years as shown in the followings: ① key equipment, processes and advanced control technologies of cracking furnaces for large-scale ethylene production with the self-dominated intellectual property rights; ② the complete set of aromatics complex process technologies; ③ the complete set of caprolactam process technologies in which the magnetically stabilized bed reactor is the self-developed and characteristic technology; ④ the complete set of large-scale ethylbenzene/styrene (EB/SM) process technologies; ⑤ the complete set of large-scale process technologies for polypropylene and key techniques for biaxially oriented polypropylene (BOPP); ⑥ the complete set of large-scale process technologies for polyesters; ⑦ microbiological technology for acrylamide production and biological technology for 1, 3-propanediol production; ⑧ the complete set of large-scale biomass ethanol process technologies and techniques for dehydration of ethanol to ethylene; ⑨ significant breakthrough of coal gasification and coal-to-oil liquefied technologies, successful development of large-scale uniform reactor for methanol, and demonstration plant with an annual capacity of tens thousand tons for conversion of methanol to olefins(MTO); ⑩ the catalytic cracking process for maximizing iso-parafin (MIP).

In order to fulfill the sustainable development of national economy and strategic needs for chemical engineering, several key technological issues are needed to be solved in our chemical engineering field: first, finding engineering solution for new catalytic reaction technologies in some key aspects; second, developing technologies for reducing and utilizing greenhouse gas; third, speedy development of chemical use of biomass; fourth, promoting utilization of low value resources; fifth, strengthening R&D of chemical process intensification technology; sixth, developing practical clean production processes along with energy-saving and water-saving technologies; seventh, solving difficulties for integration technology of coal chemicals and petrochemicals; eighth, development of industrial chains-centered systematic engineering technology; ninth, speeding up to set up and improve the safe detection criterion and evaluation system for chemical plants and products; tenth, developing advanced manufacturing technologies for large-scale chemical equipments and machinery.

Written by Xie Zaiku, Shao Baixiang,
Xiao Jian, Zhong Siqing, Hu Yunguang

Reports on Special Topics

Advances in Chemical Reaction Engineering

Chemical reaction engineering is the discipline that studies the local and global behaviors of a reactor under the influences of the interactions among momentum, mass and heat transport and reaction, to provide the principle of and the design basis for the reactor. Since chemical reactor is the heart of any chemical process, reaction engineering plays a major part in ensuing the process profit and maintaining industrial competitiveness. Currently, chemical reaction engineering research in China is targeted to develop homemade, large scale or intensified reactors, or reactors using green chemistry or alternative raw materials. With the rapid growth of chemical industry, great progresses have been made recently in chemical reaction engineering in China, which are manifested by the distinctive methodology for reactor development and the success of commercialization of a number of reactors with independent intellectual property rights. This article summarizes the major advances of chemical reaction engineering in China in the past a few years and forecasts the focus of research and development in the future for chemical reaction engineering.

Written by Zhou Xinggui

The Progress of Chemical Separation Engineering

Chemical Separation Engineering (CSE) plays a crucial role in chemical industry. The distinct characteristics and current status of CSE in China was described in this article, the theory outline and application areas including energy source, resources, environment, materials of CSE were introduced with some representative examples. It can be definitely concluded that CSE discipline has made substantial progress in our country in recent years, and the

R&D level was increasingly promoted. Information technology strongly facilitated the development of CSE. The progress of CSE has made significant contribution for reduction of energy consumption and development of new energy source, for appropriate utilization of resources and exploitation of new resources, for protection of environment and enforcement of green chemical technology, for design and preparation of new materials. Finally, inspired by the idea of high efficiency and clean production, the developing focus of CSE discipline was tentatively predicted: the existing separation technologies would be further optimized while the new or coupling separation technologies would be continuously occurred and gradually improved, separation technologies will find wider application areas.

Written by Zhang Minghua, Jiang Zhongyi

Advances in Solvent Extraction Process

The characteristics of chemical engineering process intensification are reviewed, and the recent advances of this area in State Key Laboratory of Chemical Engineering, Tsinghua University, are introduced. Three items are included, i. e. the intensification of extraction equipment-new rotated disk column and its application in the caprolactam industrial process, the new extractant for caprolactam industrial process, and the industrial production of nano calcium carbonate by membrane dispersion.

Written by Qin Wei, Luo Guangsheng

The Status and Development of Chemical System Engineering

As the interdiscipline of chemical engineering and system engineering, chemical process system engineering has its history of more than 30 years. With the development of process industry and the diversification of the actual requirements, and supporting by the concerned subjects such as chemical engineering, autocontrol, computer science, etc. it gradually enriched its meanings and extended its research fields. Research on the methods of chemical process system engineering has significance to the sustainable development problems of Chinese industry. In the paper, according to the current development of chemical process system engineering in China, actuality and prospect of chemical process simulation, automatic control, system optimization and system systemization & integration were discussed. The main features and the developmental trends of chemical system engineering in 21st century were pointed out, that would be research fields' extension in space-time scale, green process system engineering with equal attention to resource, environment and economy, and artificial intelligence's infiltration in process simulation, diagnosis, synthesis, control and management.

Written by Qian Feng

Advances in Biochemical Engineering in China

The modern biotechnology industries had been established and a great number of bioproducts had been manufactured commercially by the end of last century in China. However, the production efficiencies for most of the bioproducts were not satisfactory compared with foreign advanced technologies. This situation is changing: some new bioproducts have been manufactured commercially with satisfactory efficiency and some existed bioprocesses have been improved through biochemical engineering studies. In addition, some new and unique technologies were developed. It is critical for China to organize and carry out biochemical engineering research to meet the requirement for new bioproducts and for sustainable development of economy. Therefore, some suggestions for conducting biochemical engineering research are proposed .

Written by Zhang Yuanxing, Zhang Siliang, Ye Qin

Advances in Coal Chemical Engineering

The continued escalation of international oil price has provided the unprecedented opportunity for development of China's coal chemical industry. In this paper, the progress and future of modern coal chemical industry was stated in four aspects: Coal gasification under pressure, coal liquefaction, coal-based methanol synthesis and its downstream products, and IGCC and poly-generation based on coal gasification. It is suggested that, large-scale, high-efficiency and zero-emission are the trend of modern coal chemical industry, and both the technological development and fundamental research should be paid attention to.

Written by Wang Fuchen, Zou Jianhui, Gong Xin,
Liu Haifeng, Yu Guangsuo, Yu Zunhong

Advances in Petrochemical Engineering

The Discipline of Petrochemical Engineering is an application discipline that deals with the science and technology in the production processes of petrochemicals. The giant consumption of petrochemicals promotes the development of petrochemical industry in China, which in turn leads to the strategic needs for the support of Petrochemical Engineering Discipline. In this article, the progresses of petrochemical engineering were reviewed with respect to the applications in petrochemical processes in the fields of chemical reaction engineering, chemical separation engineering, chemical machinery as well as in the field of processes coupling. Prospects and opinions on the focus of the discipline were proposed.

Written by Xie Zaiku, Bai Erzheng,
Hu Yunguang, Yan Minda, Qiao Yingbin

Advances in Polymer Engineering

In recent years, significant achievement have been made by Chinese scientists and engineers in the extensive area of polymer engineering, covering from the scale-up of manufacture process to the design of key polymers. From the viewpoints of polymerization engineering and polymer product engineering, many innovation of process and products have been explained in this paper about polyethylene, polypropylene, synthetic fibre and synthetic rubber rubber, etc. And the impact of those advancement on national power and Chemical engineering discipline have been shown. New products such as enhanced polymer, biodegradable polymer, liquid crystal polymer, engineering fibre(for instance, PI) have progressed theoretically and practically in China. Finally the vision and goal of polymer engineering have been prospected optimistically.

Written by Wang Jingdai, Yang Yongrong

Recent Fundimental Researches on Chemical Engineering

A view about the frontiers in chemical engineering was discussed based on the recent research in China. To solve the problems during the industrial scale preparation of high-tech products, the concept of product engineering, process engineering and multi-scale method should be integrated. And the relationship of composite, structure and property of materials should be emphasized.

Written by Lu Xiaohua, Liu Chang, Liu Honglai

Advances in Microchemical Engineering & Technology

Microchemical technology is a new direction originating in the early 1990s. This technology focuses on the study of the chemical engineering process properties and principles of the micro chemical devices and micro chemical systems. Microchemical system can be divided into several subsystems, i. e. microheat system, micromixing system, microreaction system, microseparation system and micro analysis system. Because of the small dimension of the micro devices, the specific surface area increases, the surface effect is enhanced, and the effect of transportation (flow, heat transfer and mass transfer) lead to a remarkable increase of transfer rates, which exceed those of conventional-size devices by 2～3 orders of magnitude. The application of microchemical technology can improve greatly the efficiency of systems and diminish their volumes and weights. The application of microchemical technology will change properties, volume, costs of energy and natural resource on existing chemical equipments and processes. It will make a great breakthrough in existing chemical technology and equipment manufacture, and will make a great effect on the whole field of chemical Engineering. The advances in research & development of microchemical engineering and technology in China in recent years and its developing orientation of microchemical technology are discussed.

Written by Chen Guangwen

Challenges Faced by the Process Industry and Its Research Focuses

Aiming at the goal of Upgrading and Greening of Process Industries, the paper discussed the biggest challenge faced by the process industries which is to make break-through in the common challenging problems drawn from the real-world industries, i. e. , to achieve accurate true depiction and optimization control of space-time multi-scale structure in substance transition process. Then the paper explores the relationship between process engineering and chemical engineering, and the future trend of process engineering and research concentration.

Written by Li Hongzhong, Xiao Xin